La réception sociale
de l'urbanisme

Villes et Entreprises

Collection dirigée par Alain Bourdin et Jean Rémy

La ville peut être abordée selon des points de vue différents : milieu résidentiel, milieu de travail, milieu de culture. Ceux-ci peuvent être entremêlés ou séparés. Il en va de même des groupes sociaux qui communiquent à travers ces divers types d'enjeux. La dimension économique n'est jamais absente, mais elle entre en tension avec la dimension politique. Ainsi peut-on aborder la conception urbanistique ou architecturale, l'évaluation des politiques sociales ou socio-économiques et les formes d'appropriation par divers acteurs. Pour répondre à ces interrogations, la collection rassemble deux types de textes. Les premiers s'appuient sur des recherches de terrain pour dégager une problématique d'analyse et d'interprétation. Les seconds, plus théoriques, partent de ces problématiques ; ce qui permet de créer un espace de comparaison entre des situations et des contextes différents. La collection souhaite promouvoir des comparaisons entre des aires culturelles et économiques différentes.

Déjà parus

Alain-Claude VIVARAT , *Les origines symboliques de notre habitat*, 2007.

Augusto CUSINATO, *La genèse d'une culture locale d'entreprise au nord-est de l'Italie*, 2007.

Sylvette PUISSANT, *Les ségrégations de la ville-métropole américaine*, 2006.

François HULBERT (sous la direction de), *Villes du Nord, villes du Sud*, 2006.

Jean-Pierre FREY, *Henri Raymond, paroles d'un sociologue*, 2006.

Jean-Louis MAUPU, *La ville creuse pour un urbanisme durable*, 2006.

Catherine CHARLOT-VALDIEU et Philippe OUTREQUIN, *Développement durable et renouvellement urbain*, 2006.

Louis SIMARD, Laurent LEPAGE, Jean-Michel FOURNIAU, Michel GARIEPY, Mario GAUTHIER (sous la dir.), *Le débat public en apprentissage*, 2006.

Nora Semmoud

La réception sociale de l'urbanisme

L'harmattan

5-7, rue de l'École-Polytechnique ; 75005 Paris

http://www.librairieharmattan.com
diffusion.harmattan@wanadoo.fr
harmattan1@wanadoo.fr

ISBN : 978-2-296-03106-7
EAN : 9782296031067

PRÉFACE

Jean-Pierre Frey
Architecte-sociologue,
Professeur à l'Institut d'Urbanisme de Paris

L'ouvrage que le lecteur va avoir le plaisir de découvrir propose une approche de l'urbanisme qui tient à la fois de l'oxymore et du renversement de perspective.

L'urbanisme apparaît en effet toujours largement comme de l'ordre de décisions que le pouvoir politique impose à la société civile. Aussi bien auprès des professionnels, qui se targuent d'autant plus de maîtriser leur domaine de compétences qu'ils sentent bien que les tenants et les aboutissants leur échappent, que peut-être encore plus aux yeux d'un grand public, qui en découvre plus largement les arcanes en se retrouvant souvent à son insu ou malgré lui impliqué dans des opérations d'aménagement dont il ne sait que peu de choses. Mais, l'urbanisme et l'aménagement de l'espace tiennent à un domaine de connaissances et ressortissent à un champ d'activités aussi mal cernés conceptuellement que peu définis statutairement. Parler de réception en la matière tient tout d'abord d'un souci d'esprit de suite dénotant une conscience professionnelle encore trop rarement répandue, notamment dans les milieux politiques qui, dans la perspective d'une réélection improbable, auraient tout lieu de s'en inquiéter. Les idéologies, maniant à souhait avec désinvolture et arrogance les idées politiquement correctes toutes formatées de gouvernance et de développement durable, gagneraient à s'en inspirer. Mais nous suspectons aussi qu'il puisse ne s'agir que d'une ruse de la raison bureaucratique soucieuse de recommander un lissage libéral de la gestion bureaucratique de la chose publique. L'idée de réception témoigne assurément d'une volonté de bien faire dans la réponse à une demande sociale toujours difficile à définir. Le découragement bureaucratique et le renoncement qu'induisent les tracasseries quotidiennes aidant, les promesses électorales toujours plus ou moins aventureuses finissent en général par être reléguées au magasin édilitaire des accessoires. Pour les tâches plus modestes et plus ingrates confiées aux chargés d'opérations, une lâche façon de différer les échéances finit par livrer les projets non réalisés à la critique rongeuse des souris ou confie l'appréciation du fait accompli aux activités dilettantes qui seyent au comblement de l'ennui, une fois l'usure du travail accomplie ou la retraite atteinte.

La perspective proposée est beaucoup moins lointaine et surtout beaucoup moins incertaine dans la mesure où elle propose d'orienter le regard des professionnels vers une rectification de l'image qu'ils se font de leurs terrains d'actions et de leurs interlocuteurs. Elle tient compte en effet, au-delà de ce que les sciences sociales appellent la demande sociale, des effets induits par des transformations opérées tant sur la morphologie urbaine que sur la morphologie sociale par des opérations d'urbanisme dont Maurice Halbwachs en son temps nous avait brillamment décrit le fonctionnement à la fois systématique – par sa logique institutionnelle de classes et son fonctionnement institutionnel – et proprement conjoncturel car toujours lié au flair des individus et à des stratégies composant de façon opportune avec les bonnes occasions. Nous ne serons donc pas étonnés que Nora Semmoud ait choisi de revisiter par la recherche un terrain ayant fait l'objet de ses interventions dans le cadre de ses responsabilités comme ingénieur territorial à la Mairie de Saint-Étienne. Son analyse de l'esprit stéphanois, dans le droit fil des beaux travaux d'André Vant, contribue à hausser l'observation monographique à la hauteur qui sied à la vue pénétrante de l'état d'esprit d'une population dont la mentalité si caractéristique contribue à l'édification de l'image d'un quartier irréductible à tout autre. Matières premières de tout diagnostic bien informé sur les aspects pratiques et symboliques de lieux d'habitation résolument conçus comme des lieux de vie, de mémoire et de projets dont sont porteurs les habitants, l'image et l'identité des quartiers occupent logiquement une place de choix dans cette démarche.

Les développements qui vont suivre, de cette idée majeure selon laquelle les opérations d'urbanisme tiennent à la fois de ce qu'une sociologie définit comme de l'ordre de l'interactionnisme symbolique et une autre d'actualisation d'habitus propres aux divers groupes sociaux et socioprofessionnels dans l'engendrement des pratiques urbaines quotidiennes, n'ont vraisemblablement pu prendre corps que grâce à la conjonction de disciplines diverses dans une réflexion s'appuyant à la fois, et de façon aussi équilibrée que raisonnée, sur la pratique opérationnelle d'un côté, l'enseignement supérieur et la recherche de l'autre. De sa formation initiale d'architecte, Nora Semmoud a sans doute hérité ce mélange tout moderniste de volonté de bien faire face à des habitants et des citadins – toujours en attente de quelque acculturation dans l'appréhension savante du monde urbain –, tout en culpabilisant à l'idée d'exercer ce que les enseignements d'urbanisme à base de sociologie urbaine, que nous avons jadis l'occasion de lui dispenser, faisaient apparaître clairement comme de l'ordre d'une violence symbolique condamnable malgré de bonnes intentions manifestes. Cette violence est du reste d'autant plus cruelle qu'elle s'exerce souvent sur des groupes d'habitants parmi les plus démunis, au nom d'un peuple dans lequel ils ne se reconnaissent légitimement que fort peu et en vertu d'une démocratie dont les leviers leur sont largement confisqués. Renoncer à l'arrogance des professionnels de la mise en forme qui, du haut de leur projection géométrique, prétendent voir les êtres et les choses avec plus de clairvoyance et de pertinence que le commun des mortels, au profit d'une attention discrètement portée à ce qui contredit les bonnes intentions dont l'enfer est pavé en quoi consistent des progrès imposés comme un règlement de police aux mœurs citadines, atteste d'une maturation évidente de la posture intellectuelle de l'architecte-urbaniste. Cette attitude, embryon d'une déontologie encore en souffrance, non seulement s'alimente de réflexions tirées d'approches scientifiques que les milieux professionnels considèrent trop souvent comme exogènes alors qu'ils devraient s'en nourrir quotidiennement, mais s'impose ici comme un impératif catégorique pour infléchir la pratique urbanistique au point de changer radicalement d'attitude à l'endroit des habitants. L'auteur s'était déjà enquis des subreptices métamorphoses des types d'habitat à Alger via les conditions d'appropriation d'un parc immobilier hérité de la période coloniale ou nouvellement construit (mais sans réponse adaptée à la demande sociale) et avait, dans un précédent ouvrage, engagé la réflexion sur l'émergence vernaculaire de nouvelles dispositions de l'espace domestique et, du coup, sur l'architecture, même si les compétences des architectes patentés faisaient cruellement défaut aux réalisations. A moins qu'elles n'aient tout simplement épargné aux habitants des exactions architecturales dont la bureaucratie a le secret, au demeurant largement dévoilées par les travaux de Jean-Yves Toussaint. C'est le volet urbanistique qui, dans la façon que l'auteur a de réhabiliter l'ensemble des acteurs concernés par les opérations d'aménagement, fait l'objet de ses travaux récents.

Une voie nouvelle entre spatialisme et participation.

Les travaux d'Henri Lefebvre et d'Henri Raymond, comme du reste d'une large part de la sociologie urbaine française – qu'elle se targue de subversion des institutions bourgeoises ou fasse dans la gestion éclairée d'une bonne conscience chrétienne au service des humbles, comme celle de Paul-Henry Chombart de Lauwe –, n'ont eu de cesse de plaider en faveur des usagers en dénonçant les projets politiques d'une technostructure étatique souffrant de cécité et les projets esthétiques de professionnels souffrant de surdité. Ces invectives trouvent dans la démarche proposée ici une sorte de dépassement. *Aufhebung* dialectique nous indiquant la voie d'un renouvellement urbanistique (i.e. de l'urbanisme et non de l'urbain) ou simple changement de posture destiné à accompagner d'enzymes nouveaux les couleuvres que les urbanistes cherchent à faire avaler aux habitants ? L'Histoire tranchera. Mais il est clair que l'on n'échappe que difficilement aux deux écueils qui biaisent l'abord de la question de l'adaptation des lieux à leur usage social.

Il y a d'un côté ce que l'on désigne depuis peu sous le nom de spatialisme. Il s'agit de l'idée à la fois assez banale et faisant l'objet de sophistications diverses alimentant des controverses qu'une configuration matérielle des lieux « a une influence », « agit », « impose des contraintes » aux pratiques sociales. Il est clair qu'un mur doit être contourné, percé, sauté pour être franchi. Il est tout aussi clair que la distance spatiale n'a pas de relation mécanique avec la distance sociale et qu'il convient en conséquence de ne pas confondre les deux. Une relation causale de type behaviouriste ne saurait fournir un cadre conceptuel convainquant à l'analyse de l'espace et des pratiques urbaines, tant les aspects matériels, pratiques et symboliques sont étroitement liés dans ce que l'on entend par espace. L'idée d'habitus offre une dialectisation appréciable du rapport sujet/objet dans la constitution de schèmes pratiques intériorisés servant de règles implicites à un engendrement des pratiques procédant de leur actualisation dans une situation concrète. On se convainc ainsi assez aisément que si l'espace ne change pas fondamentalement les comportements et les pratiques d'usage, il participe des apprentissages de modèles culturels et sociaux associant étroitement le monde symbolique, la gestuelle, les sensations et une matérialité qui trouve là tout son sens. Combler l'écart entre des lieux de plus en plus conçus par des professionnels et mis sur un marché de la consommation, et ce qu'en attendent des destinataires, qui sont de moins en moins souvent les commanditaires, implique une mise en œuvre de modalités d'appropriation allant de l'installation personnelle immédiate à la destruction des lieux dont la configuration contredit par trop les faits et gestes convenus. Cette nécessaire aptitude à la réception dont les urbains doivent être dotés pour vivre selon une modernité constamment changeante appelle des compétences de la part de chacun, ne serait-ce que pour naviguer à bon escient dans un espace urbain dont l'image immédiate échappe à tout le monde. Est-ce à dire qu'il faille mobiliser ou même simplement requérir les habitants dans la mise en œuvre des procédures d'aménagement ?

D'aucuns, peu soucieux d'une économie des effets d'être de salariés déjà largement contraints aussi bien par leur temps de travail que par celui des transports, pensent que la solution des écarts entre la commande, les projets et l'usage doit se conclure par la participation des habitants, ou tout au moins par leur consultation. Il conviendrait certes d'améliorer les échanges et la circulation de l'information. Mais l'expérience montre que condamner les intéressés à intervenir dans les procédures ne se solde que rarement par une adaptation appréciable des produits à la demande. Dans bien des cas, comme, par exemple, dans la plus supputée que réelle représentativité des représentants politiques dans la gestion de la polis, les véritables bénéficiaires sont moins les citoyens de base que leurs mandataires, surtout s'ils entretiennent quelque connivence professionnelle, sociale ou politique avec les initiateurs des opérations. Ceux qui participent aux réunions de concertation, outre qu'ils en ont le loisir, le goût, l'envie ou l'ambition, n'ont guère de chance de faire valoir leur point de vue qu'à condition de se soumettre à la logique dominante du pouvoir technique et administratif. Auquel cas, les discussions se passent entre gens du même monde professionnel ou symbolique, sur le dos des plus faibles ou des plus vulnérables dont la parole ou le point de vue ne portent pas, faute d'être énoncés dans des termes audibles ou admissibles par les professionnels. C'est ce que Jacques Godbout avait en son temps pertinemment démontré dans sa *Participation contre la démocratie*. Il y a bien évidemment les multiples débordements indiquant que les habitants, abandonnés à eux-mêmes ou soucieux de faire des économies de démarches administratives pesantes et de ponctions financières souvent largement usurpées, peuvent, en mettant en œuvre ce que l'on a pu appeler une urbanistique d'émanation populaire, se débrouiller tout seul ou entre eux pour fabriquer une ville, certes à l'image de l'économie de moyens dont ils disposent, mais souvent aussi moins déséquilibrée que celle fournie par des procédures officielles, pour autant qu'ils puissent en être les bénéficiaires.

S'enquérir de la réception des opérations d'urbanisme dans ce contexte général traduit un souci de modifier les pratiques dans un sens sensiblement différent de celui consistant à espérer que les habitants se rendent aux raisons que le pouvoir invoque pour légitimer le bien fondé d'un projet urbain et qui ressortissent bon an mal an à une logique foncièrement technocratique. Jacques Dreyfus nous a chaleureusement montré les principaux points où le bât blesse, et selon quelle pertinence et discrétion il convenait de reconsidérer tout intention modernisatrice ou normative venant d'en haut. Il s'agit, à l'inverse, de partir des exigences propres aux modes vernaculaires de fonctionnement des usages quotidiens, en acceptant de considérer comme fondés les ordres de priorité et les desiderata des personnes concernées.

Comment se fait-il que les meilleures volontés butent sur cette difficulté consistant à occuper la place de l'autre dans les représentations de l'espace ? C'est sans doute que toute maîtrise de l'espace comporte des méconnaissances irréductibles aux ambitions planificatrices et rend illusoire l'idée de se saisir de l'espace comme d'un champ globalement préhensible à la simple vue des principales caractéristiques de sa matérialité. Si l'on renonce à l'idée kantienne de l'espace comme une forme *a priori* de la sensibilité et une modalité d'aperception du monde, selon le point de vue universel imposant ses possibilités d'entendement à un sujet transcendantal ressemblant étrangement à un prince bureaucrate développant un point de vue tatillon sur la vie quotidienne du commun des mortels. Il faut bien se rendre à l'évidence d'une instrumentalisation d'emblée différenciée des points de vue et des formes d'action sur l'espace. On sait que la différence entre les habitants et les professionnels de l'aménagement tient à des postures, des points de vue et des dispositions symboliques étroitement liées aux conditions concrètes d'effectuation d'une activité. Au moins depuis la Renaissance, l'écart n'a cessé sinon de se creuser du moins d'être entretenu entre ces deux grandes catégories d'acteurs, selon les degrés d'abstraction et les techniques de formalisation de l'espace dont ils disposent. Dans ce que Henri Lefebvre considérait comme la contradiction spatiale fondamentale du mode de production capitaliste investissant l'ensemble d'un territoire en se déployant à partir de l'urbain, c'est-à-dire entre une parcellisation liée aux aliénations mercantiles de tout objet, et une globalité comme nécessaire rationalisation du résultat d'ensemble, les compétences des habitants tiennent d'emblée à une maîtrise de l'espace domestique dans la vie quotidienne alors que celle des spécialistes dans leur vie professionnelle suppose une appréhension globale plus abstraite de l'espace. C'est ce que l'invention d'un espace euclidien et la mise en œuvre de plans à l'échelle ont permis dans les techniques de planification ou celles de navigation. C'est la raison pour laquelle nous avons pu parler de luttes à armes inégales dans une maîtrise de l'espace qui est à l'image des enjeux sociaux les plus fondamentaux. Dans le fond, l'idée d'angle mort utilisée par Nora Semmoud permet de souligner le fait que, malgré une urbanité grandissante des populations garantissant une contribution de plus en plus pertinente des citoyens au domaine de l'urbanistique comme gestion de la vie des cités, des différences de vision et d'appréciation des choses ont de fortes chances de demeurer irréductibles tant que la pensée urbanistique ne sera pas attentive à ce qu'elle contribue à édifier dans l'œil et l'esprit des citadins ordinaires comme gardiens et garants de la démocratie. Et de regarder les choses en face sans chercher systématiquement à biaiser…

INTRODUCTION

La réflexion part d'une question qui taraude les professionnels de la production de l'espace et les chercheurs depuis plus d'un demi-siècle ; il s'agit du décalage entre l'espace produit par l'urbanisme et ce qu'en attendent les destinataires. Notre intérêt porte plus particulièrement sur la réception sociale de l'urbanisme. Le présent travail pourrait être, en somme, le pendant urbanistique des réflexions de Hans Robert Jauss[1] (1978) sur l'aspect dialectique, mouvant et ouvert, du rapport entre la production littéraire et sa réception par le public. En considérant, à l'instar de cet auteur, les conditions de production et d'usage de l'espace du côté de la réception par la population, nous sommes conduits à formuler quatre propositions corollaires qui témoignent d'une telle dialectique. La première proposition est que toute opération d'instrumentalisation[2] de l'espace a des incidences sur l'organisation sociale. Cette idée fondamentale renvoie aux rapports entre l'espace et la société et à l'articulation entre les concepts de morphologie urbaine d'un côté, et de morphologie sociale de l'autre. Un champ interdisciplinaire pour lequel un

---

[1] JAUSS (Hans Robert), 2002 (1re éd. 1978), *Pour une esthétique de la réception*, traduit de l'allemand par MAILLARD (Claude), préface de STAROBINSKI (Jean), Paris, Gallimard, coll. Tel, 333 p.

[2] Cette idée d'instrumentalisation de l'espace est empruntée à Henri Lefebvre (2000) qui introduit une distinction importante entre ce qui se passe *dans* l'espace, qui relève du vécu et du perçu par les habitants, et ce qui est fait *de* l'espace par les professionnels de l'aménagement. L'espace, considéré *abstrait* par l'auteur, fait selon lui l'objet d'une manipulation et *sert d'instrument de domination*. Ici, *la représentation de l'espace* est une conceptualisation spécifique de l'instrumentation de l'organisation spatiale – un mode opératoire, une façon de procéder –, à travers les outils comme l'iconographie ou les normes, pour produire un espace qui sera conforme aux intérêts des groupes dominants. LEFEBVRE (Henri), 1970, *La Révolution urbaine*, Paris, Gallimard, coll. Idées, 248 p. et 2000 (1re éd. 1974), *La Production de l'espace*, Paris, Anthropos, coll. « Ethnosociologie », 485 p.

siècle d'efforts de conceptualisation n'a pas encore réussi à asseoir fermement les bases d'une objectivation pertinente et convaincante (J.-P. Frey[3], 2003). Ainsi, cette proposition prend valeur de postulat dans ce travail. La seconde proposition est que l'on ne peut rendre compte des effets qu'opère l'instrumentalisation de l'espace sur l'organisation sociale, qu'en déplaçant le regard sur les conditions d'appropriation de l'espace par les individus. La troisième serait, pour ainsi dire, la synthèse de ce mouvement dialectique où les professionnels pensent concevoir un espace alors que, du point de vue des usages, il se passe autre chose. Les habitants effectuent une rectification de la façon de se comporter dans l'espace urbain au contact de toute nouvelle organisation urbaine ; ils opèrent une recomposition sociale de l'espace. Enfin, la quatrième proposition est que les formes d'appropriation et de réception de l'urbanisme sont inscrites, pour une grande part, dans les figures même de l'urbanisme. En outre, le destinataire s'approprie la nouvelle organisation urbaine en se référant à ce qu'il connaît déjà. La seconde idée qui oriente ce travail est que seul un changement de posture de la part des professionnels de l'urbanisme et de l'aménagement, allant dans le sens de la prise en compte du point de vue des usages, permettrait de percevoir les effets proprement sociaux de l'instrumentalisation de l'espace. Apparaîtrait alors une sorte « d'angle mort » de la visée opérationnelle des acteurs institutionnels qui permettrait d'expliquer la cécité qui les caractérise dans leur rapport effectif à l'organisation sociale et dans la perception des effets induits de leurs interventions sur l'espace.

Ainsi, la réflexion sur les conditions de production requiert l'analyse en premier lieu des représentations qui animent le système d'acteurs et déterminent son type de fonctionnement, avec pour objectif la compréhension d'une logique sociale du projet urbain ; ensuite, celle des hiatus entre la maîtrise d'ouvrage et la maîtrise d'œuvre, notamment la façon dont se

---

[3] FREY (Jean-Pierre), 2003, « Prolégomènes à une histoire des concepts de morphologie urbaine et de morphologie sociale », *in* MORISSET (Lucie K.), NOPPEN (Luc) (dir.), *Les Identités urbaines, échos de Montréal*, Québec, Ed. Nota Bene, 318 p., pp. 19-35.

font la commutation et la transmutation (H. Raymond[4], 1984) ; enfin, celle de l'interaction avec la demande sociale qui s'exprime un tant soi peu à travers les associations et notamment celles des riverains, quand elles existent. Ce dernier volet de l'approche suppose l'examen critique de ce qu'on nomme communément la participation et de ses manifestations paradoxales. La participation apparaît tantôt comme un terrain d'affrontement, de conflit / négociation et d'apprentissage, tantôt comme une entreprise de légitimation de l'urbanisme, mais elle ne saurait en aucun cas rendre compte de l'organisation sociale et de ses attentes.

Les conditions d'appropriation de l'espace restituent quant à elles une plus grande part de l'organisation sociale. Elles permettent d'abord de comprendre une construction sociale du quartier caractéristique des groupes sociaux, de leur place et de leurs rapports. Elles font apparaître les interactions (E. Goffman[5], 1974) entre les groupes sociaux et la façon dont opèrent les représentations dans la définition des formes de cohabitation. Enfin, l'étude des formes d'appropriation met en évidence les rectifications/adaptations auxquelles les habitants doivent se livrer pour mettre en conformité l'espace avec leurs habitus. En définitive, cette recomposition sociale de l'espace permet de rendre compte de « l'angle mort » du regard que les institutionnels et professionnels portent sur l'objet de leurs interventions et offre les éléments susceptibles d'interroger en retour l'organisation urbaine produite.

La réception sociale de l'urbanisme

Les travaux de Hans Robert Jauss sur la réception de la littérature nous ont permis d'établir des correspondances méthodologiques avec ce que nous nommons « la réception sociale » de l'urbanisme et ainsi de préciser nos hypothèses. En

---

[4] RAYMOND (Henri), 1984, *L'architecture, les aventures spatiales de la Raison*, Ed. Centre de Création Industrielle (CCI) – Georges Pompidou, coll. « Alors », 293 p.

[5] GOFFMAN (Erwing), 2003 (1re éd. 1974), *Les Rites d'interaction*, Les éditions de Minuit, coll. *Le sens commun*, Paris, 230 p.

considérant qu'une œuvre est moins due à ses conditions de production qu'à son usage par les lecteurs, les travaux de Hans Robert Jauss ont opéré un vrai basculement méthodologique dans la recherche littéraire. Il part d'une critique de la recherche littéraire qui établit des relations à sens unique entre l'auteur, l'œuvre et le destinataire, pour mettre en évidence la nécessité de considérer cette triade dans sa dialectique, le déterminisme étant à double sens. Selon Hans Robert Jauss, en centrant la recherche littéraire sur l'auteur et sur l'œuvre, on a restreint indûment le système relationnel qui doit, de toute nécessité, prendre en considération le destinataire du message littéraire, le public lecteur.

Les correspondances avec nos réflexions concernent d'abord l'idée de dialectique que Jauss identifie dans le rapport entre la production littéraire et le destinataire ; dialectique que nous envisageons, pour notre part, entre les conditions de production et d'usage de l'espace. Dans cette optique et pour rendre compte des incidences de toute opération d'instrumentalisation de l'espace sur l'organisation sociale, nous opérons le même basculement méthodologique que Jauss, en déplaçant l'analyse sur les conditions d'appropriation de l'espace et ainsi, sur la réception de l'urbanisme par les destinataires. Hans Robert Jauss accorde ensuite un rôle important au lecteur qu'il considère comme le récepteur et le discriminateur dont la fonction critique consiste à retenir ou rejeter une production littéraire. Nous assistons, quant à nous, du côté des destinataires de l'urbanisme, à la projection dans l'espace produit d'une recomposition sociale de l'espace par l'appropriation qui manifeste, elle aussi, des formes de rejet, de valorisation et de rectification de l'espace conçu. Ainsi, les acteurs d'une intervention urbaine n'ont pas toujours conscience des processus que celle-ci peut enclencher (H. Lefebvre, 2000). Les acteurs institutionnels et les professionnels usent de l'espace en tant que mode opératoire, alors qu'il se passe autre chose dans l'espace des usages et des représentations des destinataires.

Enfin, la démonstration de Hans Robert Jauss va plus loin et énonce une des idées fondamentales de son analyse : celle de considérer que la figure du destinataire et de la réception de l'œuvre est pour une grande part inscrite dans l'œuvre elle-même et dans son rapport avec les œuvres précédentes qui ont été retenues au titre d'exemples et de normes. Dans l'articulation entre la production et la réception de l'œuvre, l'auteur focalise sa réflexion sur la logique de la question et de la réponse. Il considère ainsi que toute œuvre est une réponse à une question. Par conséquent, il s'agit de déchiffrer le texte pour accéder à cette question et comprendre comment elle a été articulée à une réponse. L'analogie avec nos analyses porterait sur l'idée que les formes d'appropriation et de réception de l'urbanisme sont relatives, pour une grande part, à la nature des opérations d'urbanisme, souvent comparées par les destinataires à celles qu'ils connaissent déjà. Autrement dit, la compréhension des phénomènes d'appropriation et la recomposition sociale de l'espace qu'ils opèrent, requièrent en retour l'interrogation de l'espace conçu et en particulier les conditions de sa production. En somme, l'articulation entre question/réponse en littérature développée par Jauss peut constituer le pendant urbanistique des rapports entre demande sociale et réponse de l'urbanisme.

Selon Jauss, la littérature et l'art ne deviennent processus historique concret que moyennant l'expérience de ceux qui accueillent leurs œuvres, en jouissent, les jugent et qui, de la sorte, les reconnaissent ou les refusent, les choisissent ou les oublient. Le destinataire devient ainsi un élément actif dans le processus de production littéraire, ce qui conduit l'auteur à proposer une nouvelle façon d'envisager l'histoire littéraire. Autrement dit, c'est la chaîne de réception qui décidera de l'importance historique de l'œuvre et manifestera son rang dans la hiérarchie esthétique. En outre, la réception de l'œuvre et l'effet produit par celle-ci résultent de l'expérience préalable que le public a du genre dont elle relève, de sa référence à d'autres œuvres lues antérieurement.

> *« La vie de l'œuvre littéraire dans l'histoire est inconcevable sans la participation active de ceux auxquels elle est destinée. C'est leur intervention qui fait entrer l'œuvre dans la continuité mouvante de l'expérience littéraire, où l'horizon ne cesse de changer, où s'opère en permanence le passage de la réception passive à la réception active, de la simple lecture à la compréhension critique, de la norme esthétique admise*

à son dépassement par une production nouvelle. L'historicité de la littérature et son caractère de communication impliquent entre œuvre traditionnelle, le public et l'œuvre nouvelle un rapport d'échange et d'évolution – rapports que l'on peut saisir à l'aide de catégories comme message et destinataire, question et réponse, problème et solution. Ce circuit fermé d'une esthétique de la production et de la représentation, où la méthodologie de la recherche littéraire est jusqu'ici restée pour l'essentiel confinée, doit donc être ouvert, et déboucher sur une esthétique de la réception et de l'effet produit, si l'on veut mieux saisir comment la succession des œuvres s'ordonne en une histoire littéraire cohérente. » (H. R. Jauss, 1978, p. 49).

A cet endroit, l'homologie avec les réflexions de Hans Robert Jauss se justifie d'autant plus que la sociologie urbaine d'Henri Lefebvre développe des idées similaires, à travers la notion d'épreuve de l'espace. Cette notion d'épreuve de l'espace nous semble en effet proche de l'idée de concrétisation historique de l'œuvre littéraire par les formes de réception du public. Henri Lefebvre souligne que, dans un jeu complexe sur elles-mêmes, toutes les pratiques, tant celles du politique que celles des groupes sociaux, se confrontent dans l'espace. Elles subissent alors l'épreuve de l'espace, c'est là qu'elles gagnent ou perdent leur différence. L'espace devient alors médiateur, instrument.

« Les idées, représentations, valeurs, qui ne parviennent pas à s'inscrire dans l'espace en engendrant (produisant) une morphologie appropriée se dessèchent en signes, se résolvent en récits abstraits, se changent en fantasmes. » (H. Lefebvre, 2000, p. 478).

La mise en perspective de ces réflexions souscrit davantage à une histoire de l'urbanisme qui envisage les processus de production et d'usage de l'espace, notamment sa réception par les destinataires et les effets qu'il produit.

La question de l'appropriation de l'espace s'impose alors comme un moyen de saisir la confrontation dans l'espace entre les pratiques de l'urbanistique[6] et celles de la population, et de mettre en évidence la dialectique qui existe entre les conditions de réception sociale de l'espace produit et les figures de l'urbanisme. Les processus d'adaptation et de rectification, que fait apparaître l'appropriation, donnent lieu à des « topographies[7] » projetées par les habitants sur l'espace conçu. Un rapprochement avec les travaux de Jean-Pierre Frey sur l'habitat patronal du Creusot nous conforte dans l'idée de considérer la morphologie urbaine simultanément comme la trace de la conception d'un espace et des catégories de population auxquelles il est destiné, et comme celle du mode de vie de ses habitants, sachant que l'appropriation des individus fait le travail de rectification et d'adaptation dans l'espace.

> *« C'est dans le décalage entre ces deux types de pratiques que prend place ce qu'en sociologie on nomme appropriation de l'espace, c'est-à-dire l'occupation, la transformation des lieux et l'accrochage de significations à travers la localisation d'objets et d'activités spécifiques au mode de vie de chaque habitant. »* (J.-P. Frey, 1986, p. 8).

Le terrain passionnant des phénomènes d'appropriation fait écho à celui des processus d'actualisation de l'habitus décrits par Pierre Bourdieu[8] (1972), des processus qui transforment, adaptent, retournent ou annulent un espace. En fait, les habitants n'actualisent leur habitus qu'en composant avec un cadre physique particulier. Etant entendu que les schèmes pratiques à la base de cette actualisation, quelle que soit leur inertie, subissent des mutations qui apparaissent à l'occasion du décodage des significations dans les modalités d'un usage

---

[6] L'urbanistique est entendu au sens d'Henri Raymond (1990), repris par Jean-Pierre Frey dans son ouvrage sur l'urbanistique patronal au Creusot : l'urbanistique recouvre la confrontation des applications concrètes de l'urbanisme dans l'espace urbain aux pratiques sociales.

[7] Étymologiquement, la topographie est la représentation graphique d'un lieu. Afin de mieux indiquer les rectifications opérées par l'appropriation de la population, nous avons tenté de les traduire graphiquement, en sachant les limites d'un tel exercice, notamment son caractère forcément réducteur.

[8] BOURDIEU (Pierre), 1972, *Esquisse d'une théorie de la pratique*, Genève, Droz, coll. Travaux de droit, d'économie, de sociologie et de sciences politiques.

constamment réitéré et renouvelé des lieux. Le processus de réappropriation ou de mise en conformité des lieux avec l'habitus représente également des stratégies pour dépasser les obstacles dressés par la violence symbolique[9]. Ainsi, chez Pierre Bourdieu, le concept d'actualisation des habitus désigne cette confrontation entre habitus et violence symbolique.

L'analyse s'appuie nécessairement sur la notion de compétence de l'habitant définie par Henri Raymond[10], auteur dont l'apport conceptuel sur l'appropriation[11] imprègne cette réflexion. Les individus n'engagent pas, à proprement parler, de transformations de l'espace public au sens où l'on peut l'observer dans l'espace domestique. Pour autant, leurs modalités d'appropriation configurent l'espace simultanément par les significations qu'ils vont accrocher à chaque lieu et par la « matérialité » de leurs usages (fréquentation, déplacement,

---

[9] *« [...] l'espace est un lieu où le pouvoir s'affirme et s'exerce, et sans doute sous la forme la plus subtile, celle de la violence symbolique comme violence inaperçue : les espaces architecturaux, dont les injonctions muettes s'adressent directement au corps, obtenant de lui, tout aussi sûrement que l'étiquette des sociétés de cour, la révérence, le respect qui naît de l'éloignement ou, mieux, de l'être-loin, à distance respectueuse, sont sans doute les composantes les plus importantes, en raison même de leur invisibilité [...], de la symbolique du pouvoir et des effets tout à fait réels du pouvoir symbolique. »*. BOURDIEU (Pierre), 1993, « Les Effets de lieu », *in* BOURDIEU (Pierre) (dir.), *La Misère du monde*, Paris, Seuil, pp. 249-261.

[10] RAYMOND (Henri), 1991, *Diffusion des modes de vie et brouillage des types architecturaux*, Paris, L'Harmattan, 247 p.

[11] Voir également les travaux de HAUMONT (Nicole), 1976, « Les Pratiques d'appropriation du logement », actes de la conférence de Strasbourg, *Appropriation de l'espace*, éd. scientifique P. Korosec-Serfaty ; CERTEAU (Michel de), GIARD (Luce), MAYOL (Pierre), 2003 (1re éd. 1994), *L'Invention du quotidien*, tome 2 *Habiter, cuisiner*, Paris, Gallimard, coll. Folio/Essais, 415 p. ; HAUMONT (Nicole), LEVY (Jean-Jacques), 1998, *L'Urbain dans tous ses états. Faire, dire et vivre la ville*, Paris, L'Harmattan ; HAUMONT (Nicole) (dir.), 2001, *La Ville : agrégation et ségrégation sociales*, préface de RAYMOND (Henri), Paris, L'Harmattan, coll. Habitat et sociétés, 219 p. ; HAUMONT (Nicole), 2001 (1re éd. 1966), *Les Pavillonnaires*, Paris, L'Harmattan, coll. Habitat et sociétés, 150 p. ; PINSON (Daniel), 1992, *Des Banlieues et des villes*, Paris, Editions Ouvrières ; 1993, *Usage et architecture*, Paris L'Harmattan ; 1996, *Architecture et modernité*, Paris, Flammarion ; FREY (Jean-Pierre), op. déjà citée et d'autres auteurs comme Agnès Deboulet, Isabelle Bery-Chikhaoui et Françoise Navez-Bouchanine (la liste étant loin d'être exhaustive).

évitement, etc.). Ainsi, un espace investi et approprié se superpose à l'organisation physique de l'espace public. La recomposition sociale de l'espace, entendue comme la confrontation entre l'espace concret (l'espace social) et l'espace abstrait des concepteurs (H. Lefebvre, 1970, p. 44) fait apparaître en fin de compte ce que Henri Lefebvre désigne de contre-espace. Il est notamment architecturé par des lieux de mise en scène ou au contraire d'évitement, par un système de repérage, d'intériorité et d'extériorité et par la sur valorisation de certains lieux pendant que d'autres seront tout simplement « annulés ». Les usages, les significations sociales et leur imbrication aux registres imaginaires et symboliques (M. Bonetti[12], 1994, p. 20) architecturent cette recomposition sociale de l'espace. Elle se manifeste par ailleurs à plusieurs échelles : dans les espaces qui ont fait l'objet d'aménagement, dans l'ensemble du quartier et dans son positionnement au sein de la structure urbaine. Dès lors, l'espace, investi socialement et approprié, est mis en mouvement par la population et devient ainsi un objet actant (M. Bonetti, 1994, p. 16). Dans cette dynamique, les propriétés d'un espace peuvent soit contrarier les modalités d'appropriation de la population, soit au contraire leur offrir des supports stimulants, selon la logique qui a prévalu dans leur conception.

Compte tenu de ce qui précède, la réception sociale de l'urbanisme, inscrite dans les pratiques d'adaptation et de rectification qu'opèrent les individus dans l'espace, rend compte du même coup de ces processus. Cette optique permet d'envisager que l'opération urbaine a brouillé la structure de correspondance (C. Devillers[13], 1974) qui existait entre l'espace initial et les valeurs différentielles que lui attribuaient les groupes sociaux. Les modalités d'appropriation tentent alors d'architecturer à nouveau cette structure de correspondance en opérant des réajustements qui traduisent la mise en conformité

---

[12] BONETTI (Michel), 1994, *Habiter : le bricolage imaginaire de l'espace*, Marseille, Hommes & Perspectives, coll. Re-connaissances, 229 p.

[13] On propose de transposer cette idée introduite par Christian Devillers et largement vérifiée par les travaux sur l'habitat, à l'espace public. DEVILLERS (Christian), 1974, « Typologie de l'habitat et morphologie urbaine », *Architecture d'Aujourd'hui*, n°174, juillet-août 1974.

des lieux avec les représentations des individus. Des processus qui soulèvent les questions suivantes : les différentes notions élaborées à partir du concept d'appropriation de l'espace par les individus offrent-elles un paradigme cohérent et pertinent pour comprendre comment une réalisation urbaine nouvelle est « reçue » par la population ? La vie sociale du quartier ainsi que le vécu des résidants ont-ils été perturbés, contrariés ou alors confortés par l'opération urbaine mise en œuvre ? Les nouveaux dispositifs spatiaux offrent-ils des supports plus stimulants à la convivialité et aux sociabilités du quartier ? Quelles sont alors les caractéristiques de la recomposition sociale de l'espace, ainsi que les « topographies » projetées par les habitants et leurs significations par rapport à l'espace conçu ?

Au préalable, deux termes fréquemment utilisés dans cet ouvrage méritent précision : l'habitant destinataire du projet urbain et l'espace public en tant qu'objet à la fois des pratiques de la population et de celles des acteurs institutionnels. Le terme habitant désigne les individus qui résident dans le quartier, autant comme membres participants aux initiatives collectives, que comme usagers absents des réunions de concertation mais qui ne s'approprient pas moins l'espace. Autrement dit, l'analyse s'intéresse aux habitants de manière générale parce ce qu'ils ont pour caractéristique de procéder à l'appropriation de l'espace public et à ceux en particulier qui essayent de la faire valoir auprès des producteurs pour faire rectifier la conception de l'espace. Par ailleurs, l'habitant, loin d'être considéré comme un être en apesanteur, appartient à une communauté[14] de voisinage à l'échelle d'un quartier, une

[14] Cette idée de communauté portée par le discours des habitants – que nous développons dans la 2e partie de ce travail – recoupe le sens proposé par BOUDON (Raymond), BOURRICAUD (François), 2002, *Dictionnaire critique de la sociologie*, Paris, Quadrige, PUF, 714 p. : *« La communauté ne constitue pas une relation sociale simple et primitive. Elle est à la fois complexe puisqu'elle associe d'une manière très fragile des sentiments et des attitudes hétérogènes ; elle est apprise, puisque c'est seulement grâce à un processus de socialisation qui, en toute rigueur, n'est jamais achevé, que nous apprenons à participer à des communautés solidaires. Elle n'est jamais pure, puisque des liens communautaires sont associés à des situations de calcul, de conflit, ou même de violence. C'est pourquoi plutôt que de communauté, il paraît préférable de parler de « communalisation » [...], et de chercher*

communauté qui n'échappe évidemment pas aux conflits et aux divergences d'intérêts et de trajectoires. Cette appellation quelque peu globalisante ne cherche pas à occulter les conflits ou toute forme de divergence entre les individus. Elle relève plutôt du souci de mettre en évidence les formes de convergence dans les comportements et les représentations des individus, auxquelles donne lieu toute confrontation à une nouvelle configuration de l'espace. Le propos sur l'habitant s'écarte de toute sorte d'idéalisation ou de populisme considérant que ce dernier détient la vérité sur l'espace et cherche plutôt à faire apparaître les hiatus entre les interventions urbanistiques et les usages des destinataires pour enfin s'interroger sur leurs causes et effets.

Selon Pierre Montal et Patrice Noisette[15], le terme espace public d'usage récent en urbanisme ne fait pas l'objet d'une définition rigoureuse. Les auteurs considèrent l'espace public comme la partie du domaine public non bâti, affectée à des usages publics. L'espace public est ainsi défini par une propriété juridique et par une affectation d'usage. Les auteurs n'adhèrent cependant pas à l'extension de ce terme aux lieux bâtis de droit privé, tels que les centres commerciaux. Cette question ne peut pas être tranchée aussi simplement ; les auteurs eux-mêmes associent à juste titre la notion d'espace public et celle de pratique sociale collective, qui concerne aussi les lieux bâtis de droit privé à usage public. L'intérêt pour l'espace public dans ce travail se justifie par l'action des professionnels de l'urbanisme qui devient de plus en plus une façon de retravailler ce lieu s'attachant à le rénover, le recomposer, le requalifier, etc. Les transformations touchent à la fois son aspect (modernisation des revêtements, du mobilier urbain, etc.) et sa vocation. Derrière l'idée de faire la ville sur la ville se profile une pratique urbanistique qui se consacre moins aux extensions de terrain plus ou moins périurbain et vierge, qu'au tissu urbain existant retravaillé par les surfaces au sol, les plantations, le mobilier, etc. Dans les manifestations langagières

---

comment se constituent et se maintiennent les "solidarités diffuses".» (R. Boudon, F. Bourricaud, 2002, p. 83).

[15] MONTAL (Pierre), NOISETTE (Patrice), 1988, « Espace public », *in* MERLIN (Pierre), CHOAY (Françoise) (dir.), *Dictionnaire de l'urbanisme et de l'aménagement*, Paris, PUF, pp. 273-275.

qui accompagnent cet intérêt croissant pour l'espace public, il reste à distinguer ce qui relève du marketing urbain visant à en faire un emblème municipal[16] (V. Biau, 1992) et ce qui est de l'ordre d'une croyance des professionnels au renouveau de leurs pratiques. Il semble, en tout cas, que l'aménagement de l'espace public soit envisagé comme un moyen efficace de valoriser l'image d'un lieu et de relancer les projets immobiliers. Si les déclinaisons locales restent différentes selon les contextes, un même esprit caractérise l'urbanistique quant à la redéfinition des conditions de l'urbain identifiées selon leur double dimension sociale et spatiale (J.-Y. Toussaint[17], M. Zimmermann, 2001). Dans la période post-franquiste, Barcelone[18] a été le précurseur de cette politique d'aménagement où l'espace public est envisagé comme un moyen de suturer la ville et d'intégrer les quartiers marginalisés, de doter tous les espaces de la ville de la même qualité et de prendre en compte les pratiques sociales de la population. Le « syndrome barcelonais » se propage rapidement et de nombreuses villes vont connaître la même fébrilité que la capitale catalane. L'espace public est aujourd'hui au cœur de la problématique urbaine et devient un dispositif central dans l'action politique qui cherche à faire advenir un projet social dans la réalisation d'un projet spatial (J.-Y. Toussaint, M. Zimmermann, 2001). Sauf qu'une telle posture des pouvoirs publics peut vraisemblablement les amener à produire des dispositifs spatiaux qui, au contraire, contrarient les modalités d'appropriation de la population et, ainsi, les conditions de la convivialité.

---

[16] BIAU (Véronique), 1992, *L'Architecture comme emblème municipal, les grands projets des maires*, Paris, PCA, coll. Cités-projets, 89 p.

[17] TOUSSAINT (Jean-Yves), ZIMMERMANN (Monique), 2001, *User, programmer et fabriquer l'espace public*, Romands, Lausanne, Presse Polytechniques Universitaires.

[18] La préparation des jeux olympiques de 1992 a accéléré ce processus engagé par la municipalité socialiste depuis le début des années 1980. La ville est considérée comme un exemple en matière d'aménagement des espaces publics, avec notamment la réalisation de 200 hectares de nouveaux parcs et jardins entre 1982 et 1992.

A l'inverse, l'espace public analysé du côté des pratiques d'appropriation de la population prend un autre sens. La richesse des significations sociales, de la symbolique et de l'imaginaire dont il fait l'objet traduit les interactions sociales, la convivialité et les modalités du « vivre ensemble » dont il constitue le support. C'est pourquoi, nous rejoignons Henri Raymond[19] (1988) qui définit l'espace urbain comme autant de moyens matériels et mentaux de la convivialité. Cette optique souligne que la désignation d'un nouvel aménagement comme urbain ne produit pas pour autant de l'urbain ; l'intervention urbanistique peut seulement en proposer les conditions. Selon Henri Raymond (1988), le territoire urbain est défini comme l'ensemble des moyens territoriaux de la convivialité, inséparable de la notion d'urbanité. Tandis que la convivialité désigne la rencontre des individus et leur capacité d'échanges et d'interactions (E. Goffman, 1974), l'urbanité imprègne la convivialité des règles, normes et modèles de comportement policés, inculqués ou imposés animant les pratiques urbaines quotidiennes. La convivialité et son corollaire l'urbanité ne peuvent exister qu'à travers le renoncement à certaines formes de violence, notamment celle de l'exclusion.

L'espace public en tant que propriété de la puissance publique, théoriquement accessible par l'ensemble de la population, ne pourrait pas être approprié par un groupe particulier qui s'en réserverait un usage privatif. L'espace public aurait donc la vocation d'être partagé et de constituer le lieu du côtoiement social.

> *« Expression emblématique de la citadinité, l'espace public est par excellence ce qui fait de la ville autre chose qu'une mosaïque de quartiers et un simple agrégat de petits mondes étanches. Aussi peut-on comprendre qu'il devienne un enjeu décisif face aux forces qui jouent dans le sens d'une ségrégation des groupes sociaux [...] »* (Y. Grafmeyer[20], 2000, p. 96).

---

[19] RAYMOND (Henri), 1988, « Urbain, convivialité, culture », *Les Annales de la Recherche urbaine*, n° 37, pp. 3-8.

[20] GRAFMEYER (Yves), 2000 (1re éd. 1995), *Sociologie urbaine*, Paris, Nathan Université, 128 p.

Les nombreux textes qui décrivent la vie quotidienne entre la fin du XIXe et le début du XXe siècles montraient déjà comment les grands boulevards étaient le lieu d'interactions entre les ouvriers endimanchés et les bourgeois. Au cours de cette rencontre et de ce côtoiement social où chacun se toise, s'effectuent alors des frottements (M.-C. Jaillet[21], 2003) qui octroient à l'espace public le statut de lieu d'apprentissages. Il s'agit, en somme, d'interactions à travers une communication et des échanges implicites entre les individus, chacun cherchant à ajuster son comportement aux normes d'urbanité, escomptant ainsi des bénéfices symboliques. Les travaux d'Erwin Goffman dévoilent de façon minutieuse les nombreux rapports qu'entretiennent les gestes minimes, gesticulations, mimiques, appropriations symboliques éphémères de l'espace, au sein des réseaux d'interconnaissances, de reconnaissance et de méconnaissances feintes qui forment la trame de la vie quotidienne. Il montre aussi comment s'opère l'appropriation symbolique de l'espace et décrit l'appartenance à un fragment d'espace public durant une séquence temporelle délimitée. Poser un paquet de cigarettes, une boîte d'allumettes ou un briquet sur la table d'un café, n'est-ce pas marquer et borner un territoire qui devient un espace approprié ? En conséquence de quoi l'espace public ne peut être figé dans une définition univoque et fait au contraire l'objet d'une construction permanente au fil des interactions qui font se rencontrer des citadins aux identités différentes dans des lieux de libre accessibilité (Y. Grafmeyer, 2000, p. 95).

Représentations et pratiques des acteurs politico-administratifs

La seconde hypothèse de ce travail développe l'idée que les acteurs institutionnels et les professionnels de l'urbanisme dans leur posture d'aménageurs ne voient pas les effets des opérations d'urbanisme sur l'organisation sociale : c'est ce que nous proposons d'appeler « l'angle mort » de l'urbanisme. Henri Lefebvre[22] avait déjà analysé ce rapport des acteurs à

---

[21] Intervention du 18 décembre 2003 dans le séminaire *« Politiques des villes et action publique locale »* du DEA *Ville et Société*, UMR 5600, Lyon.

[22] LEFEBVRE (Henri), 2000 (1re éd. 1974), *La Production de l'espace*, Paris, Anthropos, coll. « Ethnosociologie », 485 p.

l'organisation sociale, en indiquant à travers une terminologie variée, comme le champ aveugle, le non-voir et le non-savoir, que l'attitude des décideurs pouvait osciller entre le refus de voir et de savoir, la méconnaissance et l'absence de discernement et de clairvoyance. On peut cependant envisager l'hypothèse qu'il existe bien chez la plupart des élus locaux une volonté de voir et en particulier celle d'identifier la demande sociale, mais les limites des moyens mis en œuvre comme la participation et surtout les représentations dominantes impliquent toujours une part d'ombre. Ainsi, nous rejoignons Henri Lefebvre lorsqu'il explique cette cécité par la puissance de l'idéologie[23] :

> *« L'aveuglement, le non-voir et le non-savoir impliquent une idéologie. Les champs aveugles s'installent dans la re-présentation. Il y a d'abord la présentation des faits et des ensembles de faits, la façon de la percevoir et de les grouper. Il y a ensuite la re-présentation, l'interprétation des faits. »* (H. Lefebvre, 1970, p. 44)

Seul un changement de posture, une conversion et principalement la prise en compte des phénomènes d'appropriation des habitants peuvent permettre d'explorer les effets des interventions urbaines sur l'organisation sociale. C'est seulement dans cette posture qu'apparaissent les distorsions qui finalement témoignent de « l'angle mort » des visées institutionnelles et opérationnelles. Inscrites dans le mouvement dialectique entre production de l'espace et usages, les modes d'appropriation et les formes de la réception sociale du projet réalisé ne peuvent être totalement intelligibles qu'à l'issue de l'analyse des conditions d'élaboration du projet, de son contexte, des représentations et des stratégies d'acteurs, des formes de consensus et du rôle spécifique des concepteurs. Ainsi, par exemple, les formes de participation organisées autour du projet et les logiques d'acteurs sont vraisemblablement des facteurs opérants dans la réception sociale de l'urbanisme. L'analyse requiert alors de saisir, d'une part, la figure de gouvernance en jeu et son articulation à la question de la

---

[23] LEFEBVRE (Henri), 1970, *La Révolution urbaine*, Paris, Gallimard, coll. Idées, 248 p. ; 1980, *La Présence et l'absence*, Paris, Casterman, 203 p.

participation et, d'autre part, les processus de conception et de mise en œuvre.

La présente recherche accrédite l'idée de l'efficacité des représentations (D. Jodelet[24], 2003) sur l'interaction sociale et les dynamiques territoriales, en conséquence de quoi ce champ devient primordial dans l'analyse des politiques urbaines. Les représentations sont considérées comme ayant une visée pratique d'organisation, de maîtrise de l'environnement (matériel, social, idéel) et d'orientation des conduites et des communications (D. Jodelet[25], 1993). Cette hypothèse est d'autant plus pertinente que les acteurs institutionnels ont compris, pour leur part, les effets des représentations sur la perception d'un territoire. Ainsi, une des tendances des stratégies urbaines des pouvoirs locaux sera d'agir sur la transformation simultanée des images et de la morphologie socio-spatiale (A. Vant[26], 1981). Une mise en forme particulière de la réalité et une focalisation sur l'effacement des aspects estimés handicapants, comme le caractère populaire de la structure sociale, vont légitimer la promotion d'images et d'actions urbaines, conçues pour attirer les catégories sociales aisées et les opérateurs économiques. La question du devenir de l'espace social existant va alors faire apparaître chez les acteurs des représentations opposées, traversées par la nature des rapports sociaux qui prévalent sur le territoire. Dès lors, des contradictions apparaissent dans les logiques sociales de l'urbanisme initié par des pouvoirs publics tiraillés entre l'idée d'attirer les cadres et plus généralement les catégories sociales aisées et les opérateurs économiques, en déplaçant les couches sociales défavorisées et celle, opposée, d'organiser cette attraction en préservant l'espace social existant.

Les contradictions qui traversent les pouvoirs locaux sont d'autant plus visibles qu'elles reflètent les transformations qui affectent le système des acteurs intervenant directement ou indirectement dans le processus de décision. Le renforcement du pouvoir des agglomérations, l'élargissement et la multiplication des

---

[24] JODELET (Denise) (dir.), 2003, *Les Représentations sociales*, Paris, Presses Universitaires de France, coll. Sociologie d'Aujourd'hui, 447 p.

[25] JODELET (Denise), 1993, « Les Représentations sociales », *Sciences Humaines*, n°27, avril 1993, p. 22.

[26] VANT (André), 1981, *Imagerie et urbanisation. Recherches sur l'exemple stéphanois*, éd. Centre d'Etudes Foréziennes, Saint-Étienne, 661 p.

formes de partenariat, la privatisation des services urbains, la porosité des frontières entre secteur public et secteur privé, etc. ne sont que les mutations les plus caractéristiques du gouvernement des villes. Michel Marié considère comme centrale la mise en œuvre constante d'un dispositif de régulation sociale, nécessaire pour stabiliser les relations potentiellement antagoniques entre « gouvernement » (le pouvoir central imposant ses modèles) et « gouvernance » (négociations et compromis, bricolage de l'action publique locale) ; entre aménagement et ménagement. Tout le problème étant de savoir comment chaque territoire particulier peut utiliser et organiser à bon escient les tensions et les conflits qui le traversent. L'examen de ce nouveau contexte du pouvoir local, à partir de la notion de gouvernance développée par Patrick Le Galès[27] (1995), pose la question des nouvelles formes de régulation et de consensus mais semble faire l'impasse sur la question démocratique. Le point de vue de Claudette Lafaye[28] (2000) sur l'idée que la notion de gouvernance porte en elle, ne serait-ce que virtuellement la question démocratique, convient mieux à notre approche. Dans cette optique, la participation se présente comme une nouvelle figure du management territorial qui oscille entre le débat d'expert et la volonté d'élargir le débat public. Les conditions de la participation et de la rencontre entre, d'un côté, les acteurs institutionnels et professionnels et, de l'autre, les associations et les citadins sur les projets urbains, témoignent en fin de compte des formes de compromis et de consensus. La question de la participation des destinataires des interventions urbaines est de plus en plus affichée dans le discours et les textes officiels, notamment la loi SRU[29] et la loi Vaillant, par ailleurs controversée[30]. D'autre part, le déploiement et la sophistication

---

[27] LE GALES (Patrick), 1995, « Du Gouvernement des villes à la gouvernance urbaine », *Revue française de science politique*, vol. 45, n° 1, pp. 57-95.

[28] LAFAYE (Claudette), 2000, « Gouvernance et démocratie : quelles configurations ? », *in* ANDREW (Caroline), CARDINAL (Linda) (dir.), *Gouvernance et démocratie*, Presses de l'Université d'Ottawa.

[29] La loi Solidarité et Renouvellement Urbains, n° 2000-1208 du 13 décembre 2000.

[30] La loi Vaillant du 15 mai 2001 sur la démocratie de proximité consacre, selon François Hannoyer (Paris, 2001), un nouveau partage du pouvoir dans la décentralisation et une neutralisation de la participation. La loi souligne, en

(recours aux NTIC) des moyens de communication sur les projets urbains sont impressionnants. Pourtant, de nombreux auteurs restent sceptiques sur la démocratisation véritable de la participation qui, en tout cas, ne permet pas de rendre compte de l'organisation sociale. Maurice Blanc[31] (1999) continue à penser que ce processus paradoxal patine, pendant que d'autres, comme Malika Amzert[32] (2001), soulignent que l'émergence de cette question dans le discours et les pratiques politiques traduisent en fait une nouvelle forme de management territorial. Dès lors, la gestion politique du territoire développe des stratégies de légitimation, de recherche de consensus et de mise à distance de l'Etat dans la décision, tout en revendiquant son aide financière. Les retards de la démocratisation de l'urbanisme apparaissent alors parmi les facteurs qui aggravent les décalages entre la demande sociale et les actions urbaines publiques.

A propos de la perception et de la traduction de la demande sociale, l'examen des conditions de la commutation[33] et de la transmutation[34], telles que définies par Henri Raymond (1997) entre les destinataires – qui ne sont pas les commanditaires –, les structures associatives, censées les représenter, les élus et les professionnels, éclaire sur le positionnement des concepteurs et leur rôle par rapport à l'espace produit. Henri Raymond reprend

---

effet, que seuls les élus sont qualifiés pour apprécier l'intérêt général et définit une hiérarchie des acteurs dans les conseils de quartier où les représentants des habitants et des associations viennent en 3e position après le conseil municipal et les conseillers municipaux. HANNOYER (François), 2001, « La Loi sur la démocratie de proximité. Les tenants d'un débat citoyen », *Territoire* n° 421, octobre 2001, revue éditée par l'ADELS (Association pour la Démocratie et l'Education Locale et Sociale).

[31] BLANC (Maurice), 1999, « Participation des habitants et politique de la ville », *in La Démocratie locale. Représentation, participation et espace public*, actes du colloque organisé par le CRAPS de Lille et le CURAPP de Picardie, Paris, PUF, 415 p.

[32] AMZERT (Malika), 2001, « La Participation et ses territoires : métamorphoses et métaphores du développement », *Les Territoires de la participation*, *Géocarrefour*, Revue de Géographie de Lyon, volume 76, n° 3.

[33] Nous proposons, là encore, d'extrapoler les concepts de Henri Raymond pour l'architecture à l'espace public. RAYMOND (Henri), 1977, « Commuter et transmuter : la sémiologie de l'architecture », *Communication*, n° 27, *Sémiotique de l'espace*, Paris, Seuil.

[34] Idem.

l'idée[35] de structure de correspondance entre l'espace construit et les valeurs différentielles que lui attribue le groupe social auquel il est destiné. Il démontre[36] ensuite que la correspondance entre les pratiques sociales d'un espace et ses caractéristiques physiques fonctionne selon deux opérations : la commutation d'un côté, et la transmutation de l'autre. Le commutateur correspond à l'opération qui fait passer certaines pratiques sociales, comme les processions religieuses dans l'organisation spatiale. La transmutation liée au vocabulaire esthétique consiste à changer l'aspect formel de certains lieux dans une même disposition architecturale ou urbanistique. Par ailleurs, la commutation fait fonctionner une interlocution entre deux groupes qui parlent du même objet mais pas de la même façon : le commanditaire énonce le programme et l'architecte ou l'urbaniste fait un dessin. Ainsi, la commutation consiste à passer de l'énoncé au figuré. Par conséquent, un maître d'œuvre qui ne répond pas à la commande, ne fait pas fonctionner le commutateur et interrompt le processus qui produit le type. Ainsi, à ne plus vouloir respecter les conventions établies dans les réalisations architecturales et urbaines, les espaces produits finissent par ne plus avoir de sens pour les habitants qui sont condamnés à des appropriations toujours plus laborieuses.

---

[35] Définition du type architectural par Christian Devillers.

[36] H. Raymond rend compte de cette démonstration dans un rapport de recherche datant de 1977, intitulé *Urbanistique et société baroques*, Paris, IERAU, 125 p.

LES ACTEURS DE L'URBANISME

A L'EPREUVE DE L'ESPACE

L'interaction entre les conditions d'usage et de production de l'espace nécessite de les analyser simultanément. Autrement dit, l'examen des conditions d'usage et de réception sociale de l'espace, produit à l'issue d'une opération d'urbanisme, requiert la compréhension de la politique urbaine et des logiques sociales qui la sous-tendent. Inversement, les caractéristiques de la politique urbaine permettent d'expliquer en partie les formes de la réception sociale d'une opération d'aménagement. Jean Lojkine, dans son analyse de la politique urbaine de l'Etat dans les années 1970 restitue la complexité de cette notion et permet de l'examiner selon ses différentes dimensions[37]. La réflexion de cet auteur, resituée dans le contexte de la décentralisation et de l'émergence des pouvoirs locaux, et revisitée à partir du concept de gouvernance, rend compte des hiatus au sein du processus d'élaboration et de réalisation du projet urbain, et de sa confrontation à l'organisation sociale. A la dimension planificatrice de Jean Lojkine, nous substituons celle, plus actuelle, du projet urbain[38]. Selon les praticiens, le projet urbain se démarque de l'urbanisme fonctionnaliste et de la rigidité de la planification antérieure en s'inscrivant à la fois dans une vision prospective et une démarche processuelle et pragmatique. Il constitue, dans notre cas, l'objet par excellence de la démarche participative et, ainsi, l'élément autour duquel devrait se construire le consensus entre les différents acteurs. La dimension opérationnelle concerne l'ensemble des pratiques réelles par lesquelles les acteurs institutionnels et leurs

---

[37] Jean Lojkine envisage la politique urbaine d'abord selon sa dimension planificatrice, ensuite selon sa dimension opérationnelle qu'il faut entendre comme l'ensemble des pratiques réelles par lesquelles l'Etat central et les appareils étatiques locaux interviennent financièrement et juridiquement dans l'organisation de l'espace urbain, et enfin selon sa dimension proprement urbanistique qui condense, matérialise et mesure par la même les effets sociaux dans l'espace du couple planification urbaine/opération d'urbanisme. LOJKINE (Jean), 1977, *Le Marxisme, l'Etat et la question urbaine*, Paris, PUF, 191 p.

[38] François TOMAS justifie l'apparition du concept de projet urbain par le besoin de construire *une sorte d'alternative à un urbanisme fonctionnaliste déconsidéré par la « crise urbaine »*. TOMAS (François), 1998, « Vers une nouvelle culture de l'aménagement des villes », *in Projet Urbain. Ménager les gens, aménager la ville*, TOUSSAINT (Jean-Yves) ZIMMERMANN (Monique) (dir.), éd. Pierre Mardaga, Sprimont, Belgique, pp. 15-35.

agents interviennent financièrement et juridiquement dans l'organisation de l'espace urbain. Les décalages, qui surviennent entre le projet urbain et sa mise en œuvre opérationnelle, témoignent de la fragilité du consensus et des logiques contradictoires des acteurs. Certains partenaires peuvent alors se saisir de l'opportunité de cette étape pour subordonner leur participation financière à la mise en œuvre d'une organisation de l'espace décalée par rapport au projet urbain initial qui, dès lors, s'avère être un consensus fragile. Enfin, la dimension urbanistique, entendue comme l'articulation entre les pratiques spatiales des professionnels et l'espace social, parachève la définition de la politique urbaine. Cette dernière dimension de la politique urbaine nous intéresse particulièrement parce qu'elle met en évidence la confrontation des citadins à la nouvelle organisation urbaine ; là où se joue précisément la réception sociale de l'urbanisme.

Les distorsions fréquentes entre les trois dimensions de la politique urbaine ont sans doute pesé sur l'ampleur qu'a prise la recherche sur les pratiques urbaines. Cependant, si l'analyse des pratiques urbaines des groupes sociaux apparaît de plus en plus nécessaire à la compréhension des faits urbains pour les sciences sociales, elle n'en demeure pas moins un champ aveugle (H. Lefebvre, 1970, p. 68) pour les initiateurs de la politique urbaine. Selon Henri Lefebvre (1970, p. 68), c'est pour cette raison qu'ils n'ont pas toujours réellement conscience de ce qu'ils contribuent à mettre en œuvre, car ils substituent à la praxis leurs représentations de l'espace, de la vie sociale, des groupes et de leurs rapports. Plus de trente ans sont passés depuis cette analyse, mais elle reste, malheureusement, d'une actualité cuisante. Il nous paraît indispensable de distinguer, d'une part, les pratiques des acteurs politico-administratifs et, d'autre part, celles des citadins. Du reste, les pratiques du pouvoir expriment des intérêts contradictoires et tendent, selon les conditions de la démocratie locale, à mettre en œuvre soit les projets issus de consensus, soit ceux correspondants aux intérêts des groupes sociaux dominants. L'espace devient alors le champ d'affrontements entre d'un côté, les techno-bureaucrates bardés de projets, plans, procédures et autres formes de violence symbolique et, de l'autre, les citadins, dès lors qu'ils réagissent par diverses modalités d'appropriation de l'espace. C'est au cours de cette confrontation que se réalise la réappropriation du projet institutionnel par les usagers, aboutissant à une adhésion ou à un rejet. Entre ces deux attitudes, une multitude de pratiques de rectification et de retournement des modèles urbains imposés peuvent être développées. En fait, c'est seulement au moment privilégié où la politique urbaine confrontée aux pratiques concrètes des différents acteurs subit l'épreuve de l'espace (H. Lefebvre, 2000) que l'on peut accéder à son véritable sens. Dans un jeu complexe sur elles-mêmes, les pratiques du politique et des groupes sociaux s'affrontent dans l'espace qui devient alors médiateur et instrument. Elles subissent alors l'épreuve de l'espace et c'est là que leurs différences s'affirment pour rendre compte de la réception sociale de l'urbanisme.

Les aspects explicites de la politique urbaine sont dévoilés par le discours officiel, les documents d'urbanisme, les options spatiales, les règlements d'occupation du sol, etc. qui ont un effet idéologique et juridique sur les agents sociaux. Ce contenu explicite de la politique urbaine qui se veut rassurant est alors présenté par les technocrates comme une technique de savoir-faire infaillible, visant un optimum dans l'amélioration des conditions de vie des citoyens. Mais la politique urbaine relève aussi des représentations que le pouvoir local se fait de son territoire. La culture, intimement liée à l'espace, héritée, façonnée, recomposée, est à l'origine d'une géographie de l'homme lui-même (P. Claval[39], 1995, p. 68). Cette culture enracinée dans l'histoire du territoire opère sur les représentations sociales des individus et donne sens à leur efficience dans les relations sociales. L'espace territorialisé est alors identifié à travers le prisme des représentations ; il est hiérarchisé, dévalorisé ou valorisé selon une imagerie au temps long. La difficulté pour construire de nouvelles images est donc plus ardue, alors que le résultat est aléatoire. Les représentations, qui se reflètent dans les politiques menées, proviennent d'un jeu d'images qui peuvent être source d'exclusion ou de marginalité intégrée pour les uns et vision de modernité pour les autres.

---

[39] CLAVAL (Paul), 1995, *La Géographie culturelle*, Paris, Nathan.

I. REPRESENTATIONS ET URBANISTIQUE

Selon Denise Jodelet (2003, p. 53), les représentations sociales, envisagées en tant que *« systèmes d'interprétation régissant notre relation au monde et aux autres, orientent et organisent les conduites et les communications sociales »*. Nous partirons de cette prémisse et des réflexions[40] de l'auteur pour rendre compte de l'efficience sociale des représentations sur les pratiques de l'espace. L'efficacité pratique des représentations sur l'interaction sociale et les dynamiques territoriales les rend essentielles dans l'analyse des politiques publiques, particulièrement en matière d'urbanisme où l'imagerie à laquelle elles donnent lieu alimente le marketing urbain. Les représentations ont le temps long et leur ancrage historique reflète la mémoire du territoire, ainsi que les crises sociales et économiques qui l'ont marquée. Le jeu des acteurs fait apparaître des représentations dominantes qui sont généralement le fruit d'une institutionnalisation et celles qui échappent à ces stratégies, mais ne manquent pas pour autant d'efficacité sur l'opinion, ainsi que le montrent les mentalités locales dans les villes à tradition ouvrière comme Saint-Étienne ou Clermont-Ferrand. Par ailleurs, elles traduisent les rapports dominants / dominés et peuvent être soit partagées, soit divergentes, mais leur instrumentalisation par les acteurs concourt à un univers consensuel.

Les acteurs institutionnels, qui ont parfaitement compris l'efficacité des représentations sur la perception d'un territoire, vont donc agir au cœur même de celles-ci en effaçant / promouvant des images. La transformation d'images se voudra synchrone des actions qui touchent la morphologie socio-spatiale. Cependant, malgré l'apparition de nouveaux symboles, souvent les démarches urbanistiques anciennes sont rééditées, comme la rénovation urbaine qui réapparaît sous le vocable de renouvellement urbain. Dans les grandes villes, des opérations d'envergure sont alors initiées,

[40] Elles s'appuient sur les travaux de Pierre Moscovici, eux-mêmes renouant avec le concept d'Emile Durkheim.

profilées pour les cadres qui proposent une centralité élitiste et une ville quaternaire[41] (M. Roncayolo, 1999, p. 173). Face aux transformations qui se dessinent, se pose alors la question du devenir de l'espace social en place qui est loin d'être perçu comme un espace où convivialité, urbanité et appartenance ont du sens. C'est aussi le principe de mixité sociale qui est interrogé et mis en débat. Paradoxalement, la volonté des décideurs d'attirer les catégories sociales aisées et les opérateurs économiques peut cohabiter avec le désir de maintenir en place une population modeste. Ce paradoxe renvoie-t-il à une croyance aveugle en l'équilibre du peuplement et en l'efficience des dosages savants qui pourtant ont déjà fait la preuve de leur échec social ? S'agit-il d'une conscience intuitive que la diversité sociale est l'un des soubassements de l'urbanité ? La réponse à ces questions qui est nécessairement déterminée par les conditions locales peut faire apparaître des paradoxes, ainsi que nous le verrons plus loin.

1. Héritage et imagerie

Nos travaux sur des villes[42] appartenant à des contextes aussi différents que la France, l'Algérie ou la Pologne ont, en effet, révélé le poids des représentations et de leur historicité sur le système d'acteurs et sur leurs pratiques dans l'espace. Ils

---

[41] Figure urbaine produite par une économie immatérielle issue de l'ère informatique ou par une strate mondialisée des services et des activités tertiaires.

[42] Voir en particulier, pour Alger : 2001, *Les Stratégies d'appropriation de l'espace à Alger*, préface de FREY (Jean-Pierre), Paris, L'Harmattan, coll. Histoire et perspectives méditerranéennes, 270 p. ; 2003, « Les Mutations de la morphologie socio-spatiale algéroise », *Les Annales de Géographie*, n°633, pp. 495-517 ; pour l'Auvergne : avec CHIGNIER RIBOULON (Franck), 2004, « Politique urbaine et marginalité des villes auvergnates », *in* KRZEMIEN (Kazimierz) (dir.), *Les Transformations du milieu montagnard Carpates-Massif central et autres montagnes d'Europe*, Cracovie, Institute of Geography and spatial Management of the Jagiellonian University, tome 113, pp. 153-170 ; 2004, « La Conquête économique des quartiers d'habitat social », *Cahiers de géographie du Québec*, volume 48, n° 134, septembre 2004, pp. 173-190 ; pour la Pologne : avec CHIGNIER RIBOULON (Franck), 2006, « « Identités, développement local et territoires : Nowa Huta et Cracovie », *in* (Lydia) COUDROY DE LILLE (dir.), *La Pologne dans l'Europe d'Aujourd'hui*, Géocarrefour, vol. 80, n°1, pp. 27-34.

montrent que les acteurs individuels, les groupes et les institutions créent l'espace par leur travail et leurs actes quotidiens. Et surtout ils le font sur un territoire déjà défini, muni de « mémoires » qu'ils utilisent ou transforment selon leurs moyens et leurs stratégies, lesquelles sont guidées en particulier par les représentations spécifiques qu'elles se font de l'espace (Brunet R., Ferras R., Théry H., 1992)[43]. L'analyse des représentations dominantes ne peut se passer alors, comme le suggère Denise Jodelet (2003, p. 73), de la question de leur ancrage et de leur inscription dans un système d'accueil notionnel, un déjà-là pensé. Selon l'auteur, par un travail de la mémoire, la pensée constituante s'appuie sur la pensée constituée pour ranger la nouveauté dans des cadres anciens, dans le déjà connu. Ces mécanismes deviennent quasi caricaturaux pour des villes comme Alger et Nowa Huta à l'Est de Cracovie, des villes qui malgré leurs différences sont une illustration probante des mutations dues à l'entrée d'ex pays socialistes dans l'économie de marché. Clermont-Ferrand et Saint-Étienne, deux villes du Massif central anciennement industrielles, en prise avec une reconversion économique laborieuse témoignent également de l'empreinte du passé sur les représentations actuelles. C'est sans doute dans ces territoires, tôt confrontés au déclin de leurs activités traditionnelles, que se sont imposées avec force les associations entre image négative et décrépitude économique (marasme, crise, désindustrialisation) d'une part, et entre image renouvelée de l'urbanisme (recherche d'un nouveau « donné à voir ») et logique de reconversion d'autre part.

Au regard du contexte mouvementé algérien, la politique urbaine, particulièrement dans la capitale, vu les enjeux spécifiques de ce territoire, a connu pour ainsi dire les mêmes méandres et les mêmes ambiguïtés que la situation politique et les idéologies qui la fondent. Elle a évolué au gré des représentations de la technostructure et de leur confrontation à celles, différentes, d'autres groupes sociaux, et a souvent affiché des options totalement contradictoires. L'idéologie

---

[43] BRUNET R., FERRAS R., THERY H., 1992, *Les Mots de la géographie*, Paris, Reclus, La Documentation Française.

socialisante, à son apogée dans les années 1970, a imprégné les différentes politiques d'aménagement tant à l'échelle du territoire qu'à celle des grandes villes. Les représentations socialisantes, mimétiques du modèle soviétique ou nassérien, se traduisaient, par exemple sur le Plan d'Organisation Général d'Alger, par une volonté manifeste de corriger la ségrégation socio-spatiale entre l'est populaire et l'ouest huppé, et de promouvoir l'habitat collectif au détriment de l'habitat individuel. Justice sociale et mode de vie socialiste étaient les soubassements idéologiques de ces modèles urbains. Si les représentations socialisantes étaient dominantes, il n'en demeure pas moins qu'elles s'opposaient à celles portées par des groupes sociaux aisés, émergeants grâce au développement et enclins au libéralisme économique. Dès que l'évolution du rapport de force en a donné les conditions dans les années 1980, les représentants des couches moyennes émergentes, s'appuyant sur les injonctions du FMI et des programmes d'ajustement structurel, ont remis en cause toutes les options urbaines antérieures en mettant en œuvre une stratégie de contre-image largement inspirée du discours dominant sur la faillite des régimes socialistes. L'Etat se désengage alors de la construction de logements collectifs, encourage le développement sans précédent de l'habitat pavillonnaire, libéralise le marché foncier et immobilier, déporte la population des bidonvilles vers les régions d'origine, etc. En somme, une politique qui va renforcer la fragmentation de la morphologie socio-spatiale d'Alger (N. Semmoud[44], 2003) et la marginalisation sociale de nombreux quartiers. Dans ce cas de figure, les représentations apparaissent à la fois fondatrices des politiques et objet de ces politiques, et rendent compte également de l'idéologie dominante. Par ailleurs, cet exemple prouve aussi que lorsque la transformation d'image devient une stratégie volontariste du pouvoir central, elle gagne forcément en efficacité.

Nowa Huta[45], riche d'un passé social, socialiste et militant, est confrontée depuis la réorientation économique de la Pologne aux difficultés de la reconversion d'un lourd passif mono-industriel.

---

[44] Op. déjà citée.

[45] *La nouvelle aciérie* en polonais.

Ancienne ville phare du socialisme, Nowa Huta est aujourd'hui en crise. En effet, depuis les années 1990, le centre économique de Cracovie s'est déplacé vers l'ouest, sur la vieille ville et ses extensions. Dès lors, la croissance s'organise autour du tourisme ou des nouvelles technologies, bien loin de la sidérurgie privilégiée durant la période communiste. Dans ces conditions, les habitants de Nowa Huta ont le sentiment d'être abandonnés, d'être les laissés-pour-compte de la libéralisation économique. Ce sentiment est d'autant plus fort qu'il marque un renversement des représentations par rapport aux décennies précédentes. Les sociabilités locales étaient en effet très développées et définissaient une conscience collective (E. Durkheim, 1893) génératrice d'une identité positive. Cette conscience s'est forgée lors de la construction du combinat et de la ville nouvelle, puis a été entretenue à l'âge d'or des luttes[46] sociales et politiques. L'identité positive a été contrebalancée depuis quinze ans par des représentations négatives, notamment du fait des élus de Cracovie souhaitant effacer les signes du passé socialiste.

L'exemple auvergnat, quant à lui, démontre que les représentations de la marginalité sont porteuses d'actions qui n'opèrent que très lentement sur les représentations, les mentalités et la culture, domaines du temps long. Dans les représentations de l'Auvergne, les villes sont fréquemment associées à la montagne et à l'agriculture, deux éléments dont l'imagerie est souvent synonyme. Une image forte s'affiche alors : celle d'un monde longtemps clos, appréhendé de l'extérieur comme relativement attardé et qui se meurt lentement, inexorablement. A travers de telles visions de l'espace, deux thèmes principaux ont été construits, celui de la montagne dévitalisée (et oubliée) et, depuis peu, celui des grands espaces préservés. Ainsi, les politiques de revalorisation de ces grands espaces ne seraient-elles pas davantage une consécration de l'exclusion qu'une véritable politique de développement ? L'Auvergne symbolise la France du vide et la France profonde. Or, villes et campagnes auvergnates ne sont pas forcément les archétypes de l'immobilisme. Les villes auvergnates connaissent des problèmes spécifiques, mais elles font preuve bien souvent d'une dynamique certaine qui ne les distingue guère d'autres villes. Cependant, à ce jour, cette vitalité reste

[46] En particulier pendant la période d'opposition syndicale de Solidarność.

généralement méconnue, car, dans ces conditions, les représentations et leur perpétuation desservent plus qu'elles n'accompagnent les dynamiques de développement (F. Chignier-Riboulon[47], N. Semmoud, 2004).

L'assertion d'Emile Durkheim selon laquelle les représentations se nourrissent de l'environnement social, conduit à envisager, dans le cas de Saint-Étienne, son héritage de ville de labeur ainsi que le traumatisme social lié au contexte de crise de ces dernières années, comme la matrice féconde de l'imagerie des acteurs stéphanois. L'ouvrage remarquable d'André Vant[48] met particulièrement en évidence l'articulation entre l'imagerie et l'urbanisme de ce territoire. Il propose que les composantes de l'image stéphanoise, tôt élaborées et objectivées par reprises et télescopages continus, soient analysées dans leur genèse chronologique. De la ville cyclopéenne du début du XVIIe siècle à la ville désordonnée du XVIIIe, ou à la « coketown » de la première moitié du XIXe, des procédés littéraires différents expriment des sensibilités différentes d'où surgit pourtant un jugement constant : le noir est laid. L'auteur souligne que cette imagerie du noir et du laid ira en s'épaississant jusqu'à être inscrite dans l'Encyclopédie du XIXe siècle et confirmée par la géographie naissante, sous la plume d'Elisée Reclus.

> *« Le sol de Saint-Étienne est noir, couvert tantôt d'une poussière ténue de charbon, tantôt d'une fange profonde ; l'atmosphère est épaisse, chargée d'une fumée qui s'éclaire pendant la nuit de reflets sinistres ; les maisons uniformes et de lourde architecture qui bordent les longues avenues ont toutes une teinte charbonneuse : quoique sous une latitude méridionale,*

---

47 CHIGNIER-RIBOULON (Franck), SEMMOUD (Nora), 2004, op. déjà citée.

48 VANT (André), 1981, *Imagerie et urbanisation. Recherches sur l'exemple stéphanois*, Saint-Étienne, éd. Centre d'Etudes Foréziennes, 661 p. Cet ouvrage s'appuie plus particulièrement sur le territoire stéphanois, mais l'analyse de l'auteur par de nombreux aspects peut avoir une portée plus générale et recouvrir à bien des égards les réalités d'autres agglomérations. En effet, ce travail qui date des années 1980 reste remarquablement d'actualité et grand nombre de ses conclusions sont en résonance avec nos observations empiriques.

on pourrait se croire sous les pesantes brumes de l'Angleterre. Les habitants eux-mêmes sont à la fois sérieux et pressés, comme il convient à une population poussée par un travail incessant. » (E. Reclus [49], 1877, p. 489).

Au XVIIIe siècle, l'imagerie de la laideur marque définitivement l'organisation urbaine de Saint-Étienne qui est alors caractérisé par le désordre et l'anarchie, et opposé au bel urbanisme lyonnais. Les appréciations issues de la sensibilité du Siècle des Lumières opposent alors le désordre spatial et la laideur esthétique à la beauté de la rigueur géométrique ; les représentations font allusion, par ailleurs, à l'opposition entre l'anarchie sociopolitique et l'ordre militaire.

« [...] le désordre spatial est implicitement condamné comme synonyme de laideur au niveau esthétique, voir d'anarchie au niveau sociopolitique [...] La géométrie, la mesure, le nombre et donc l'ingénieur, le militaire deviennent les garants d'un bel urbanisme. » (A. Vant, 1981, p. 158).

Dès 1792, le plan en damiers de Dalgabio va, pour ainsi dire, mettre de l'ordre dans la forme urbaine, en effaçant progressivement le « désordre établi ». Cependant, malgré la visibilité dans l'organisation physique de la ville de cette rupture et des interventions urbaines qui se sont succédées depuis, les représentations du désordre urbain perdurent jusqu'à nos jours ; ce qui laisse supposer qu'elles viseraient moins la forme urbaine que la morphologie sociale.

Si les registres des représentations portent les traces du passé industriel et minier stéphanois, et puisent dans une sorte de traumatisme collectif qui mêle labeur, sacrifices, violence des luttes et brutalité des mutations économiques, les images n'en présentent pas moins des divergences selon les groupes sociaux. Les analyses dévoilent l'inertie des représentations dévalorisantes dont fait l'objet le milieu ouvrier de la part des groupes dominants, représentations qui se sont toujours manifestées par une sollicitude accrue vis-à-vis des cadres, du

---

[49] RECLUS (Elisée), 1877, *Nouvelle géographie universelle. La terre et les hommes*, Paris, éd. Hachette, t. II, 960 p. Cité par André Vant, 1981, p.169.

patronat et de leur image valorisante. Les difficultés de la reconversion économique de Saint-Étienne et la perte considérable de sa population ont accentué les représentations négatives des couches populaires et ont aiguisé la volonté institutionnelle d'attirer les cadres, jusqu'à en devenir une obsession.

Denise Jodelet nous dit par ailleurs que la communication dans les phénomènes représentatifs, transmise par le langage lui-même porteur de significations, a une incidence sur la pensée sociale. Cette dernière n'étant pas unanime, les représentations peuvent être soit partagées et devenir un facteur d'influence ou de consensus, soit divergentes et produire polémique et dissension. Toujours est-il que les différentes formes de communications des phénomènes représentatifs, tant à travers les voies médiatiques qu'à travers la participation ou le jeu des acteurs, ont, selon Denise Jodelet (2003, p. 63), un rôle d'échanges et d'interactions qui concourent à l'institution d'un univers consensuel. Dans tous les cas, l'incidence de la communication peut être analysée à deux niveaux : au niveau des processus de formation des représentations et à celui de leur place dans l'édification de la conduite (opinions, attitudes, stéréotypes). En outre, les caractéristiques de l'objet représenté, en l'occurrence le territoire, et de leur sujet, à savoir les acteurs (institutionnels, économiques, groupes sociaux, etc.) ont sans doute une incidence sur les représentations. Dans cette perspective, André Vant montre que les représentations n'échappent pas aux antagonismes de classes et qu'elles sont traversées par leurs luttes. Il discerne, par ailleurs, les images des groupes sociaux dominants et celles des groupes sociaux dominés et leurs rapports de dépendance, en particulier l'impact des premières sur les secondes.

> *« Mais l'imagerie des groupes sociaux dominés n'est pas parallèle à celle des groupes sociaux dominants, ni indépendante. L'image [...] qui est déjà fournie, appelle une réaction – adoption, mépris ou rejet – qui s'inscrit dans un contexte de lutte de classes exacerbée. »* (A. Vant, 1981, p. 170).

Dans les agglomérations anciennement industrielles, l'institutionnalisation de l'imagerie dominante n'occulte pas pour autant les représentations positives des anciennes activités industrielles ou minières dont les retombées économiques sur les villes ont été considérables. Il s'agit en fait d'un ensemble de représentations, correspondant aux mentalités locales qui échappent en grande partie aux stratégies d'institutionnalisation et traduit d'autres figures du particularisme identitaire local. Les représentations liées aux mentalités locales et leurs significations, par leur diversité, par leurs oppositions et par leurs images dominantes, reflètent également les rapports entre groupes sociaux. Ainsi, par exemple, chez les couches sociales d'origine ouvrière, ces mentalités renvoient à des valeurs, telles que l'amour du travail bien fait, la solidarité et la simplicité, tandis que chez les catégories sociales plus élevées, il correspond à des manifestations d'humanisme et de bienveillance condescendante dont la manifestation la plus aboutie est celle du paternalisme patronal. Cela n'exclut pas pour autant les nombreuses interférences entre l'imagerie institutionnalisée et celle qui correspond aux mentalités locales, portées plutôt par le sens commun. En tout cas, malgré la prédominance des représentations institutionnalisées, les mentalités locales continuent d'être à l'œuvre dans les interactions sociales.

Des divergences d'optique peuvent également apparaître au sein des groupes dominants, ainsi que le montre André Vant à travers l'exemple stéphanois. Il souligne l'affrontement, à partir de la moitié du XIXe siècle, entre deux conceptions bourgeoises de la société urbaine. L'une, représentée par la grande bourgeoisie de tradition aristocratique, méprise quelque peu le travail exercé au détriment des arts, des sciences et des lettres, tandis que l'autre correspond à la petite bourgeoisie qui fait du travail la première vertu sociale. La disparition du patronat, en tant que figure de l'histoire industrielle stéphanoise du XVIIe au début du XXe siècles, ne s'est pas pour autant accompagnée de celle des idéologies qui l'animaient. Toute proportion gardée, il est remarquable de voir à quel point les idéologies, jadis portées par la bourgeoisie aristocratique ou la petite bourgeoisie, ont perduré pour continuer à imprégner à ce jour les luttes des groupes sociaux dominants sur l'image à donner à la ville de Saint-Étienne. Les positions antagonistes entre les tenants du développement économique prioritaire et exclusif et ceux qui défendent la valorisation du patrimoine et l'embellissement de la ville[50], en sont une illustration. Aujourd'hui, les propos des citadins de catégories diverses sur la ville semblent traduire une appropriation collective de l'imagerie dominante de « la ville verte[51] » en substitution à « la ville noire ».

Le décalage entre les représentations sociales et le réel peut produire une distorsion, une supplémentation ou une défalcation (D. Jodelet, 2003, p. 70). La distorsion accentue ou minore les attributs de l'objet. La supplémentation confère à l'objet représenté des attributs et des connotations qui ne lui appartiennent pas en propre, il s'agit aussi d'un surcroît connotatif. La défalcation, enfin, opère une suppression d'attributs à l'objet représenté. Quand bien même les effets de ces opérations sur l'objet représenté pourraient se conjuguer et creuser davantage le décalage avec le réel, l'interférence entre les représentations et la réalité, ainsi que la force des images finiraient par les confondre. On s'inscrit ainsi dans la perspective dégagée par Pierre Bourdieu[52] pour qui les représentations constituent bien une dimension du monde réel qu'elles contribuent à transformer par une efficacité propre de l'évocation symbolique. A travers l'image définie par André Vant, on retrouve la relation de « symbolisation » et « d'interprétation » (D. Jodelet, 2003, p. 61) entre la représentation sociale et son objet (l'espace). L'image (ou l'imagerie) devient alors l'expression des représentations

---

[50] Représentés par l'ARCO (Association de Réflexion, de Conservation et d'Ouverture) et l'association *« Les Amis du Vieux Saint-Étienne »* (cette dernière a été créée en 1930 par les notabilités stéphanoises dont le docteur Riou). Structures très combatives face à toute action institutionnelle qui touche directement ou indirectement au patrimoine stéphanois.

[51] Allusion à la couleur emblématique de l'ASSE (équipe locale de football) et à la proximité du massif du Pilat.

[52] Il s'agit de dépasser *« [...] l'opposition que la science doit d'abord opérer, pour rompre avec les prénotions de la sociologie spontanée, entre la représentation et la réalité, à condition d'inclure dans le réel la représentation du réel, ou plus exactement la lutte des représentations au sens des images mentales, mais aussi de manifestations sociales destinées à manipuler les images mentales. »* BOURDIEU (Pierre), 1980, « L'Identité et la représentation. Eléments pour une réflexion sur l'idée de région. », *Actes de la Recherche en Sciences Sociales*, n° 35, pp. 63-72

sociales du sujet et un vecteur de communication de la pensée sociale. Dans cette optique, Halbwachs[53] soulignait, à propos de la mémoire sociale, qu'il n'y a pas d'idée sans images. André Vant (1981, p. 9) définit ces images (ou l'imagerie) comme des réactifs particuliers qui permettraient de saisir la diversité des relations unissant espaces concrets, espaces perçus, espaces vécus, espaces connus, espaces imaginés. Cette dynamique est alors soulignée par les stratégies auxquelles elles donnent lieu.

> *« [...] l'image est plus une construction qu'une impression, plus un produit social qu'un induit social, une image est un jeu s'exerçant au plan superstructurel, c'est-à-dire stratégie, tactique et pour tout dire idéologie. »* (A. Vant, 1981, p. 10).

La dynamique de mondialisation et de décentralisation, qui a considérablement développé la concurrence entre les villes, contribue, *a fortiori*, à faire des représentations et des images un objet des stratégies d'attractivité et du marketing urbain contre les risques de marginalisation. Certes, l'imagerie en tant que facteur d'attractivité ou de répulsion d'un territoire est ancienne, mais on assiste aujourd'hui à une sophistication des moyens mis en œuvre pour promouvoir les images. Des techniques nouvelles de marketing urbain, comme Internet, apparaissent. Les services de communication des collectivités territoriales, de plus en plus impressionnants par leur taille, leurs moyens et leur rôle, illustrent cette tendance à l'institutionnalisation / sophistication du marketing urbain et de son objet : l'image. Les techniques de marketing urbain ne cessent de se diversifier pour devenir dans certains cas caricaturales, comme à Montpellier où les panneaux de signalisation indiquaient l'Odysseum[54] avant toute réalisation. En revanche, d'autres villes orientent leurs efforts sur le terrain culturel en promouvant des manifestations qui deviendront leur « image de marque ». A Aurillac par exemple, le festival international du théâtre de rue enclenche des processus socioculturels, voire économiques, qui participent largement à changer l'image de

---

[53] HALBWACHS (Maurice), 1925, *Les Cadres sociaux de la mémoire*, Paris, PUF, cité par D. Jodelet (2003, p. 74).

[54] Complexe commercial et ludique, réalisé en partie, prolongeant le quartier de Port Marianne.

cette ville du fin fond du Cantal et qui ont ainsi un impact sur le cœur même des représentations de la marginalité. L'intensité des échanges et des rencontres de dimension internationale, la modernité et l'ouverture artistiques de ce festival ne confèrent-elles pas à Aurillac une certaine centralité internationale, certes temporaire, mais qui bouscule les représentations de la marginalité à défaut de les faire voler en éclats ?

2. La transformation d'image : une obsession

En réponse aux à-coups brutaux des crises successives depuis les années 1960, les pouvoirs locaux de nombreuses villes ont axé leurs efforts exclusivement sur la reconversion économique. Ils ont d'abord dû faire face, dans les villes minières, à la fermeture des puits de mines dans les années 1970 et 1980 et au démantèlement des aciéries dans les hauts lieux de la sidérurgie. C'est pour cette raison que pendant longtemps, dans de nombreuses villes, l'essentiel de l'imagerie mise en œuvre (capitale de savoir-faire, terre de créateurs...) a été exclusivement destiné à accompagner les efforts économiques. Ce n'est qu'au début des années 1990 que s'est généralisée l'idée de priorité de la politique urbaine, soutenue par une nouvelle stratégie de contre-image. Cette optique va alors se refléter à la fois dans les nombreuses actions urbaines initiées et dans le discours institutionnel qui souligne fréquemment l'articulation nécessaire entre la poursuite du développement économique et un urbanisme visant à offrir un cadre de vie attractif. Ainsi, les années 1990 vont, sinon définitivement inverser les priorités entre l'économie et l'urbanisme, du moins les placer au même rang, même si le domaine de l'urbanisme devra rester pour de nombreux acteurs subordonné à l'économie. En tout cas, l'urbanisme sera considéré, tour à tour, comme un moyen, un atout, un enjeu et surtout comme un vecteur d'image pour le développement économique.

L'urbanisme n'échappe pas, par ailleurs, aux conditions sociales et politiques qui ont permis l'émergence du thème de la qualité et de sa nature consensuelle dans les années 1970. La qualité devient, à ce moment là, le nouveau paradigme de l'analyse sociétale, supplantant les antagonismes de classes pour mettre en scène, dans l'espace public politique, la logique de sauvegarde et la responsabilité de l'individu face à son environnement (M. Amzert[55], 2001). Les agglomérations des pays industrialisés placent alors résolument la qualité de la vie au cœur de leur thématique urbanistique et en feront l'objectif à atteindre par l'ensemble des actions urbaines : l'embellissement, la modernisation de l'espace public, le développement des transports collectifs, l'introduction de la nature en ville, la protection de l'environnement, etc. Reste alors posée la question des logiques sociales qui se dessinent à travers cette thématique : qualité de la vie partagée par tous ou exclusive des plus démunis ?

Dans son historique sur l'imagerie stéphanoise, André Vant indiquait déjà l'ancienneté du thème de la qualité de la vie. L'image de marque de la ville s'appuyait largement sur cette thématique, en même temps qu'elle désignait le public auquel elle était destinée. Ainsi, l'auteur montre que, dès les années 1960, des enquêtes ont été menées auprès des chefs d'entreprise et des cadres sur la perception de la qualité de la vie stéphanoise et sur les équipements qui en sont les générateurs.

> *« Dès 1964, la Société d'Etudes pour le Développement Economique et Social s'inquiète ainsi des désirs des chefs d'entreprise et du personnel de direction d'une trentaine de firmes stéphanoises, en matière d'enseignement universitaire, d'urbanisme (espaces verts ; plan d'eau ; rénovation ; nouveaux quartiers résidentiels), d'équipements culturels (théâtre, salle de concert...) ou d'intérêt professionnel (salle de réunions, de banquet). »*[56] (A. Vant, 1981, p. 238).

Les désirs d'habiter des chefs d'entreprise et des cadres apparus à l'issue de l'exploitation de ce questionnaire ont contribué à structurer pour longtemps une imagerie sur une qualité de vie, profilée pour ces catégories

---

[55] AMZERT (Malika), 2001, « La Participation et ses territoires : métamorphoses et métaphores du développement », « Les Territoires de la participation », *Géocarrefour*, Revue de Géographie de Lyon, volume 76, n° 3, pp. 175-180.

[56] SEDES, 1964, « Etude d'armature urbaine Lyon – Saint-Étienne – Grenoble. Analyse de l'enquête "chefs d'entreprise" », vol. III, juin, 26 pages.

socioprofessionnelles. Les raisons des réticences des cadres et particulièrement de leurs épouses à s'installer à Saint-Étienne, dévoilées par cette enquête, continuent à influencer les stratégies de contre-images et les actions urbaines.

Lorsque les acteurs de la politique urbaine s'efforcent de promouvoir des images attractives, ils tentent du même coup d'effacer les représentations négatives et répulsives. Ces acteurs, pétris de représentations sur la dévalorisation / répulsion de leur territoire, développent alors des projets dont l'enjeu central sera l'attractivité des classes sociales aisées et des opérateurs économiques. Dès lors, les politiques urbaines sont conçues comme un véritable « chant des sirènes » axé sur la qualité de la vie, une thématique associée au désir d'habiter des couches moyennes[57]. Toutes les villes se disputent d'ailleurs ces catégories sociales pour la place qu'elles occupent dans le travail et la promotion sociale, mais aussi en vertu de leur solvabilité et leur pouvoir d'achat, comme du reste des rentrées d'argent qu'elles permettent d'escompter pour la fiscalité locale. Pour atteindre cet objectif, les décideurs à l'échelle des agglomérations ont mis en œuvre une politique volontariste qui consiste à agir sur plusieurs fronts : habitat, urbanisme, culture, etc. Ainsi, de nouvelles formes d'habitat sont expérimentées, comme la maison de ville et l'habitat intermédiaire ou alternatif[58], envisagés comme des compromis

---

[57] Ce terme prend des significations différentes selon l'interlocuteur, généralement chez les acteurs institutionnels, il désigne essentiellement les cadres, les cadres dirigeants, les professions libérales, le patronat et l'ensemble des opérateurs économiques. Généralement chez les citadins, la catégorie sociale ainsi désignée est plus large et se rapproche de la définition proposée par COUET (Jean-François) et DAVIE (Anne), 2002 (3e éd.), *Dictionnaire de l'essentiel en sociologie*, Paris, Editions Liris, pp. 150-151. *« Il s'agit pour l'essentiel des catégories salariées caractérisées tantôt par leur position intermédiaire dans la hiérarchie sociale en termes de revenus, d'éducation, de prestige social, etc., tantôt par leur position ambiguë dans l'appareil de production dans la mesure où leur qualification leur donne des responsabilités et de l'initiative sans que, pour autant elles disposent nécessairement d'un pouvoir décisionnel important. On y range donc principalement les catégories regroupées par l'INSEE parmi les cadres et professions intellectuelles supérieures et les professions intermédiaires, qui en constituent le noyau central auquel on adjoint une partie des employés. »*

[58] Il s'agit d'un habitat qui réunirait les avantages de la maison individuelle (entrée individualisée, garage privé, jardin ou terrasse, etc.) et qui présenterait des

entre le pavillonnaire et les contraintes du contexte urbain. Les efforts essentiels en matière d'urbanisme conjuguent les grandes opérations urbaines, l'implantation d'équipements structurants, tels que le zénith ou le tramway, et la rénovation des quartiers.

Si la stratégie actuelle de transformation d'image met en avant une thématique et une symbolisation nouvelles, elle n'en réédite pas moins des démarches urbaines anciennes, comme la rénovation urbaine qui a déstructuré la vie sociale de nombreux quartiers populaires dans les années 1960 et 1970. A Saint-Étienne, par exemple, la croissance trop rapide de l'agglomération depuis le XIXe siècle, liée à l'afflux de main-d'œuvre, a entraîné dans tous les domaines une disproportion considérable et permanente entre les besoins et les moyens de les satisfaire. Cette situation a fait de Saint-Étienne « un monstre immobilier » (D. Mandon, 1976) et une ville de taudis qui détenait en 1926 le plus fort pourcentage en France de logements reconnus insalubres par le service d'hygiène. Le terrain stéphanois s'est donc avéré propice à la mise en œuvre des thèses hygiénistes qui prévalaient dans les grandes villes à cette période. La rénovation du noyau urbain couvrait une superficie de 154 ha, avec environ quatorze mille logements à détruire (D. Mandon, 1976, p. 55). Dès les années 1960, le pouvoir local, face à l'insalubrité de la ville, se fixait l'objectif de transformer l'image de la ville en changeant le bâti et le peuplement, malgré les nombreuses voix qui se sont élevées contre l'urbanisation engagée. Le CRESAL[59], par exemple, dans une étude sociologique réalisée en 1969 sur le centre stéphanois, mettait en garde contre la facilité de certaines solutions technocratiques en faisant allusion à la volonté de

---

caractères urbains (mitoyenneté, alignement, etc.). Ces opérations d'habitat connaissent aujourd'hui un succès commercial important.

[59] Centre de Recherche de Sociologie Appliquée de la Loire *« Si le centre de Saint-Étienne fait partie de l'espace social ouvrier, on devra le restructurer tout en protégeant, au moins en partie, les structures perçues et vécues par ces catégories... Il ne s'agit pas, en effet, de détruire un espace social, dont les lacunes sont évidentes mais qui existe et garde un certain degré de cohérence, une certaine qualité humaine au profit de la construction, à tout le moins aléatoire, d'un centre pour des catégories sociales qui n'existent pas encore, ou peu à Saint-Étienne. »* (CRESAL, 1969).

changement social des quartiers, affichée par le pouvoir local de l'époque. La mise en garde du CRESAL est restée lettre morte puisque le pouvoir local a engagé d'importantes rénovations urbaines dans le centre, notamment à Tarentaize[60] où l'opération visait l'éclatement de ce qu'il était convenu d'appeler la « Médina[61] » et à Bizillon où le nouveau quartier Centre II était destiné aux catégories sociales moyennes. A l'instar d'autres rénovations, le déplacement de la population originaire de ces quartiers vers la périphérie s'est soldé par la déstructuration de leur vie sociale. L'urbanisme, dans ce cas, traduit les effets sociaux d'une politique de peuplement qui semble pourtant continuer à séduire les acteurs politico-administratifs. En effet, le renouvellement urbain, tel qu'il est engagé à travers les démolitions des grands ensembles, rappelle les opérations de rénovations urbaines de grande ampleur menées dans les années 1960 dans les centres villes, qui ont profondément déstabilisé leurs habitants. La rénovation enclenchée dans les grands ensembles pose avec la même acuité la question du devenir des habitants et des politiques de peuplement.

Plus généralement, les initiatives du pouvoir économique local pour transformer l'image qui « colle à la peau » de leur territoire, quelles que soient leurs contradictions, deviennent une stratégie partagée par l'ensemble de la communauté locale. Dans cette dynamique, il faut souligner le rôle fédérateur du thème de l'identité. Dès lors, l'imagerie se structure avant tout pour soutenir les activités économiques locales et affirmer l'identité du territoire et des formes de plus en plus sophistiquées de marketing urbain sont alors initiées pour promouvoir ces différents thèmes et pour accompagner les nouvelles opérations urbaines. Les expositions et événements commerciaux (foires, congrès, etc.), les manifestations culturelles et sportives ont servi et continuent à servir la stratégie de contre-image. La croyance des acteurs institutionnels dans le rôle magique des images présente inévitablement le risque que la promotion de nouvelles images prenne le pas sur l'action proprement dite. Autrement dit, le rôle primordial donné au marketing urbain, envisagé comme un moyen d'afficher une

---

[60] Inscrit aujourd'hui dans la procédure Grands Projets de Ville (GPV).

[61] Ce surnom était lié au peuplement majoritairement maghrébin.

ambition et de donner le sentiment que les choses bougent, est tel qu'il peut suppléer à l'action effective. Outre les événements spectaculaires, de nombreux autres procédés de marketing urbain sont mis en œuvre, en particulier celui qui consiste à faire appel à de grands architectes. Si le recours aux grands noms[62] de l'architecture, de l'urbanisme et du paysage participe de la politique de renouvellement d'images, il est aussi, sinon un biais crédible, du moins une garantie pour les municipalités d'ouvrir leur marché immobilier aux grands promoteurs, ceux précisément qui travaillent habituellement avec les grandes signatures. Bien entendu, il s'agit là de nouveaux procédés grâce auxquels les acteurs pensent désespérément pouvoir imprimer une image forte au territoire, sorte de « code territoire », pour reprendre le concept utilisé par Bernard Salignon[63] (M. Canon, B. Salignon, 1987). En fin de compte, les villes n'échappent pas à la prédominance du marketing urbain qui traduit la croyance dans son rôle magique.

Paradoxalement, l'effet marginalisant des représentations dévalorisantes qui affectent depuis longtemps certains territoires peut devenir un facteur de la dynamique locale[64]. Saint-Étienne, par exemple, a su bon gré mal gré valoriser un certain nombre d'atouts, notamment l'articulation entre son savoir-faire industriel et la perspective de devenir capitale internationale du design, ou encore la constitution de pôles d'excellence comme celui « d'optique vision », pour construire une image de ville moderne. Ces exemples sont le témoignage que les acteurs peuvent faire preuve d'audace et d'innovation dans leur politique de

[62] Par exemple, à Saint-Étienne, le cabinet d'architecture londonien Foster&Partners est en charge du zénith, l'agence berlinoise LIN de la cité du design, Patrick Chavannes du quartier des affaires de Châteaucreux (il travaille également sur l'aménagement des anciens terrains de la société Renault à Boulogne-Billancourt), etc.

[63] CONAN (M.), SALIGNON (B.), 1987, *Composer les différences, les logements du boulevard Lobau à Nancy*, Paris, Plan Construction. Cité par Michel Bonetti, 1974, p. 42.

[64] Les paragraphes qui suivent sont inspirés de l'article : CHIGNIER-RIBOULON (Franck), SEMMOUD (Nora), 2004, op. déjà citée.

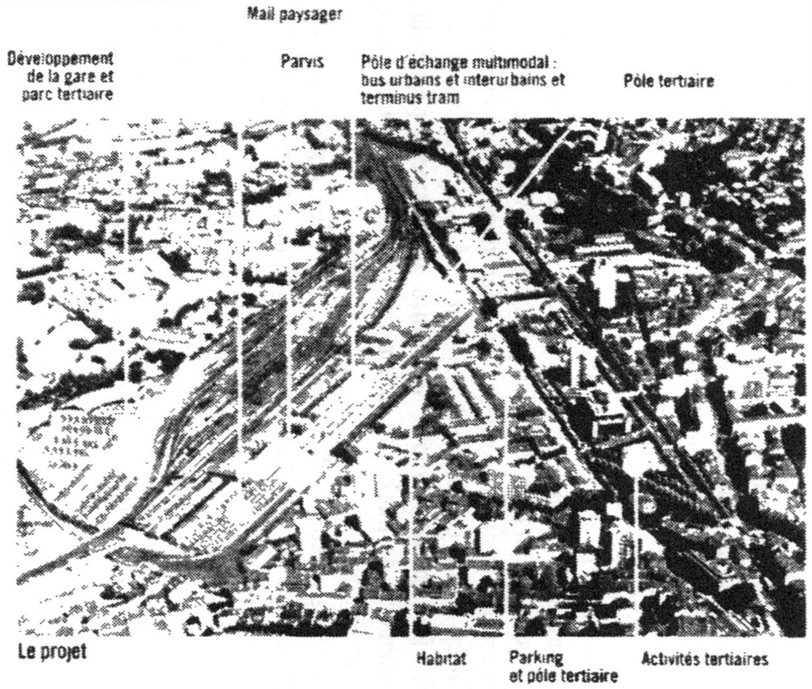

Restructuration du site de Châteaucreux

Fig. 1 – Les grands projets stéphanois

Sources : Documents Mairie de Saint-Étienne

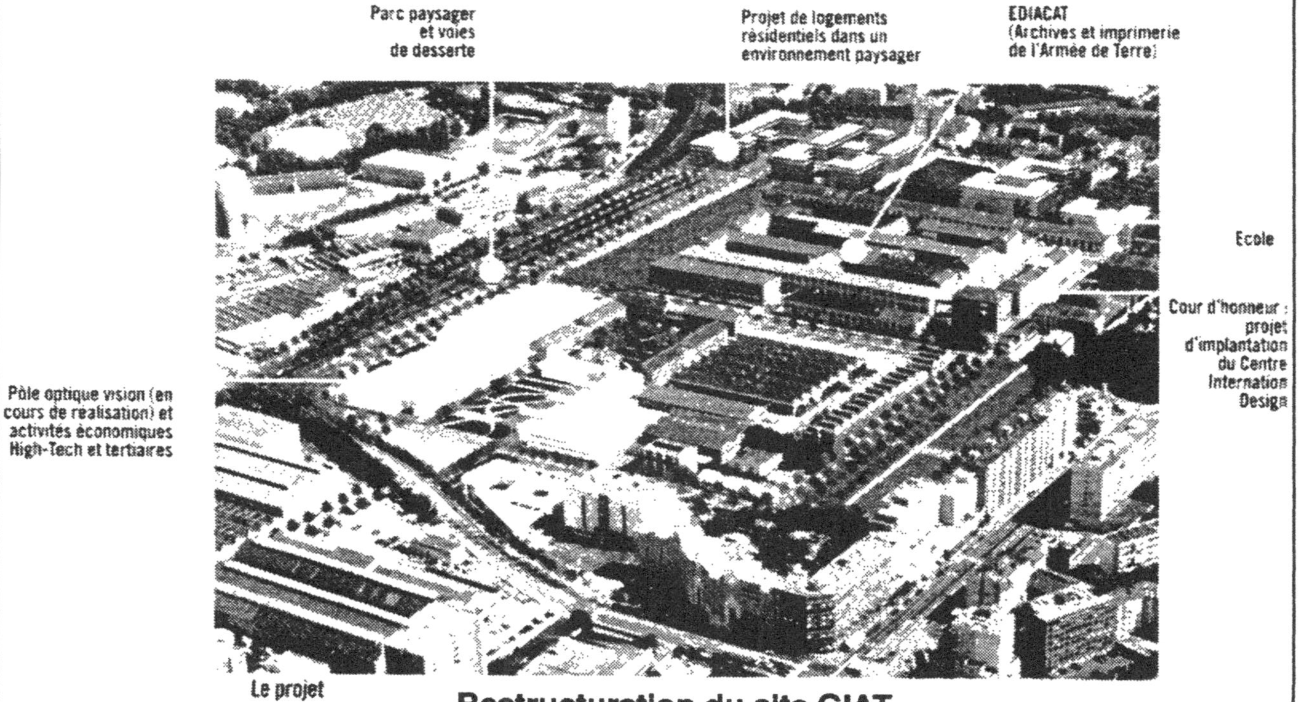

Restructuration du site GIAT

rattrapage et de résistance aux représentations dévalorisantes qui ne sont plus considérées comme une fatalité. D'autres villes, subissant davantage la marginalité et l'enclavement, « retournent » les représentations de la marginalité pour en faire un facteur de dynamisme local dans leur politique de développement. Ambert, par exemple, illustre la manière dont nombre d'opérateurs économiques ont su tirer avantage de cette situation. Comme le montre Georges Gay[65] (1997), le patronat ambertois ancré localement a su s'appuyer dans un premier temps sur les effets de l'intériorisation collective de la marginalité, notamment la docilité d'une main-d'œuvre face à la menace du chômage et sa forte dépendance familiale et rurale, pour ensuite rebondir en s'engageant dans une démarche industrielle contemporaine d'autonomie et d'ouverture vers l'étranger. Un autre exemple de dynamique générée par une imagerie de la marginalité mérite d'être relaté : celui d'Aurillac, principale ville du Cantal. Elle se distingue à bien des égards des autres villes auvergnates en matière de stratégie urbaine et de développement local. Mais c'est d'abord sa démarche communicationnelle qui la particularise et qui permet, du même coup, la visibilité d'expériences particulièrement significatives en matière d'innovation et d'ouverture, telles que l'articulation entre les actions économiques et la protection de l'environnement dans la filière bois, ou encore la manifestation culturelle internationale exceptionnelle de théâtres de rue, déjà évoquée dans ce travail.

Le redéploiement économique ambertois ou le caractère novateur des initiatives aurillacoises apparaît comme des écarts par rapport aux pratiques dominantes des acteurs auvergnats, imprégnées généralement de fatalisme ou de conservatisme. En effet, à cause de représentations paralysantes, les atouts existants ne sont-ils pas alors sous estimés ? A Clermont-Ferrand, le rôle de Michelin, à cause de rivalités anciennes et de sa propre politique du secret, est aujourd'hui trop souvent nié. Pour autant, les représentations, dans ce cas, apparaissent comme un des freins à la synergie de l'une (la ville) et de l'autre (l'entreprise) pour imprimer une image nouvelle à la cité, celle de la haute technologie (et pas

---

[65] GAY (Georges), 1997, « L'Industrie de la tresse à Ambert : le développement industriel comme affirmation d'une identité patronale », *Gestion des espaces fragiles en moyenne montagne. Massif Central – Carpates polonaises*, 5e colloque franco-polonais, CERAMAC, Clermont-Ferrand, pp. 49-64.

uniquement agricole ou liée à cette activité). En définitive, ces exemples témoignent du caractère paradoxal des représentations de la marginalité, qui peuvent au contraire, dans certaines conditions, devenir un facteur de dynamisme dans les politiques de rattrapages initiées par les acteurs locaux. Pour autant, le jeu entre modernité et représentation n'est pas figé ; il dépend en grande partie de la volonté des acteurs... Il fut un temps, pas si lointain, où la modernité passait par la mine et la métallurgie.

3. Images et logiques de peuplement

La promotion de nouvelles images (ville moderne, ville de cadres, ville *high tech*...) et l'effacement des anciennes (ville noire, ville ouvrière, ville pauvre...), sont synchroniques d'interventions urbaines qui visent autant la transformation de la ville, que celle de son peuplement. Souvent le caractère populaire de la structure sociale d'un territoire, vécu comme un véritable handicap et considéré comme une des causes essentielles de la marginalisation, focalise alors toutes les stratégies. Tout se passe comme si le procédé de globalisation de la population rendait totalement opaque l'hétérogénéité sociale de la ville, surtout celle des quartiers centraux. D'autant que la statistique doit être nuancée par les mutations qui touchent les catégories socioprofessionnelles, notamment les ouvriers dont les conditions de vie semblent s'égaliser avec celles des employés, des agents de maîtrise et des techniciens. Toutefois, quelles que soient les interprétations qui peuvent être faites de la statistique, elles ne peuvent en aucun cas rendre compte des ressources sociales des quartiers populaires. L'organisation sociale, certes parfois fragile, construite par une population installée de longue date dans les quartiers, opacifiée par la statistique, reste ainsi un « angle mort » du regard des institutionnels. Cette cécité les empêche d'envisager les quartiers populaires comme des lieux chargés et configurés par les histoires de vie des habitants, des lieux de mémoire et d'accrochage de significations diverses et de symboles, des lieux de conflits et de solidarité, qui ont construit un sentiment d'appartenance, de convivialité et d'urbanité (H. Raymond, 1988). L'ironie du sort des politiques urbaines reste que c'est précisément cet espace social et sa convivialité qu'elles cherchent désespérément à reconstruire dans les territoires concernés par la Politique de la Ville[66], du moins dans les intentions affichées. Pour autant, le caractère populaire de la structure sociale envisagé comme un handicap semble légitimer davantage les stratégies de marketing et les interventions urbaines, conçues pour attirer les cadres et les opérateurs économiques. En définitive, la logique sociale et l'orientation élitiste des opérations urbaines engagées conduisent inévitablement à la question de la place accordée aux catégories sociales à faible revenu. Les opérations urbaines qui affichent généralement une ambition de centralité élitiste ne seront-elles pas, ainsi que le suggère Marcel Roncayolo dans son analyse des représentations de l'urbanisme contemporain, l'expression de nouvelles ségrégations ?

> *« Les résultats de cette représentation sont doubles : tantôt il s'agit d'une accumulation de bureaux rares ; tantôt, et l'idéologie sociale est alors sous-jacente, d'une conception élitiste d'un centre affiné, combinant fonctions de direction, signes culturels et habitat, harmonisant au mieux les structures modernes et les emplacements historiques. Mais dans cette ville « quaternaire » (c'est-à-dire rassemblant les activités à la fois nobles et immatérielles), ne lit-on pas la forme la plus poussée des ségrégations, à la fois fonctionnelle et sociale. »* (M. Roncayolo, 1999, p. 173).

A Saint-Étienne, le caractère populaire de la structure sociale, envisagé comme un particularisme, est par ailleurs mis en avant pour revendiquer une aide plus conséquente de l'Etat. Une mise en forme particulière de la réalité a consisté à accentuer cet handicap, jusqu'à être porté aujourd'hui par le sens commun. Saint-Étienne est considéré[67] comme une société à tradition ouvrière, construite par vagues d'immigration successives, issues des territoires ruraux voisins (notamment de

---

[66] Le lien social, le développement des sociabilités, la solidarité, etc. sont les thèmes récurrents des contrats de villes.

[67] « Rapport de présentation du Grand Projet de Ville stéphanois », EPURES, 2001.

la Haute-Loire), de l'Europe du sud et de l'Est, et plus récemment du Maghreb et de la Turquie. La part des ouvriers et employés, qui est de 26 %[68], est estimée trop importante par rapport à celles de Lyon et de Grenoble, évaluées respectivement à 23 % et 22 %. Mais ce que déplorent le plus les acteurs institutionnels stéphanois c'est la faible proportion des cadres et des professions intermédiaires, estimée à 13 % contre 20 % à Lyon et 19 % à Grenoble. Cette structure sociale se reflète sur les ressources des ménages stéphanois dont le revenu fiscal moyen est de 11 000 €, contre 14 000 € à Lyon et 12 000 € à Grenoble. Le taux de chômage de Saint-Étienne et des vallées anciennement industrielles du Giers et de l'Ondaine, estimé à 15 %, renforce les représentations globalisantes qui considèrent les populations fragiles comme dominantes. De la même façon, le parc HLM, qui représente 23 % des logements, contre 15 % environ à l'échelle nationale, est estimé trop important. La proportion du parc HLM stéphanois conforte alors le caractère populaire de la population et sert d'alibi aux tenants du fléchissement de la programmation de logements sociaux à Saint-Étienne. En définitive, cette mise en forme de la réalité privilégie autant des indicateurs liés aux handicaps, qu'une certaine interprétation de la statistique, pour faire apparaître les particularités et attirer ainsi l'attention sur cette situation spécifique (S. Tissot[69], 2002).

A Saint-Étienne, des opérations urbaines d'envergure sont alors initiées pour accueillir les cadres et les opérateurs économiques, notamment la restructuration des sites de Châteaucreux et du GIAT. Cette dernière opération réunit deux projets importants : la mise en œuvre d'un pôle d'excellence[70] autour de l'optique vision et la

---

[68] Recensement général de la population, INSEE 1999.

[69] TISSOT (Sylvie), 2002, « De l'Emblème au « problème ». Histoire des grands ensembles dans une ville communiste », *Les Annales de la Recherche Urbaine*, n° 93, novembre, pp. 123-129.

[70] Les laboratoires de recherche et les salles de cours sont déjà installés au Nord du site de l'ancienne Manufacture d'armes. Le site doit également accueillir l'Institut des techniques avancées de Saint-Étienne et une pépinière d'entreprises.

réalisation de la cité[71] du design. Le discours institutionnel souligne que cette opération comporte tous les ingrédients, supposés attirer les cadres et les opérateurs économiques : les activités high tech, le centre international du design, les logements haut de gamme, une structure lisible, une desserte de qualité, d'importants espaces paysagers et de nombreux chemins pour piétons et vélos. Le centre international du design comporte quant à lui plusieurs dimensions : il constitue d'abord la consécration d'une manifestation artistique d'envergure internationale ; il symbolise ensuite l'originalité de la reconversion et de la modernité du bassin stéphanois[72] ; enfin, à ce titre, il a une forte connotation identitaire. A l'instar des villes, qui ont initié des festivals pour sortir de l'anonymat et de la marginalité, Saint-Étienne a opté pour la biennale du design[73] et œuvre pour pérenniser cette manifestation à travers le centre international du design pour lequel elle a été en concurrence avec Paris. La restructuration du site de Châteaucreux[74], envisagée comme l'extension du centre, se fixe un double objectif : créer un centre d'affaire accompagné d'un programme d'habitat et d'espaces publics et renforcer la vocation d'échanges de cette entrée de ville ferroviaire et routière, par la création de la deuxième ligne de tramway[75].

---

[71] *« Le projet du cabinet Lin est conçu autour d'une platine translucide de 220 m de long posée devant le bâtiment d'honneur de l'ancienne Manufacture nationale d'armes qui hébergera l'école régionale des beaux arts. A l'intérieur de la platine, une matériauthèque, des espaces d'expositions, un auditorium, une serre... pour un coût de 385 000 000 d'euros. Ouverture en 2007. »* CHARBONNIER (Vincent), DELOHEN (Pierre), 2004, « Dossier Saint-Étienne », *Le Moniteur*, 3 décembre, n°5271, pp. 26-35.

[72] Extrait du Plan de Mandat de la Municipalité 2001-2007.

[73] La 4e biennale a été organisée en novembre 2004.

[74] *« 400 000 m² de bureaux* [dont le siège de CASINO] *et de logements vont être construits autour du futur pôle multi-modal de Châteaucreux, projet de Patrick Chavannes (AAUPC). Un mail planté de 60 m de largeur irriguera ce quartier tourné vers le tertiaire supérieur. L'objectif à terme est aussi de relier au centre-ville le quartier du Soleil, enclavé de l'autre côté des voies. Le siège de CASINO. Le groupe de distribution stéphanois investit 50 000 000 d'euros dans un nouveau siège social de 50 000 m², en forme d'arête de poisson, dessinée par Architecture Studio et Cimaise. Livraison au printemps 2007. »* (V. CHARBONNIER, P. DELOHEN, 2004).

[75] Elle doit relier la 1re ligne (nord-sud) de la place Anatole France à la gare de Châteaucreux, selon un axe est-ouest. *« Aménagée de façade à façade, cette*

L'orientation élitiste de l'urbanisme quant aux grandes opérations n'élimine pas pour autant les paradoxes qui le caractérisent. Quand bien même, les débats que suscite la question de la mixité sociale parmi les décideurs sont empreints, tour à tour, de malaise, d'ambiguïtés, de prudence et de contradictions, ils manifestent tout de même une volonté de maîtrise du peuplement pour simultanément accueillir des catégories sociales aisées et préserver les couches populaires. Ce dilemme auquel sont confrontés les élus se trouve accentué par les stratégies d'entre soi des couches moyennes (M.-C. Jaillet[76], 2002). Dans certaines situations, les décideurs imaginent bien la possibilité d'encourager la mobilité résidentielle des catégories sociales populaires, en leur offrant des logements plus adaptés. Mais on peut se demander si ce discours ne cache pas finalement des desseins d'exclusion ? En tout cas, la position officielle locale sur les logiques de peuplement apparaît généralement paradoxale, mais n'en reste pas moins l'expression d'un consensus incertain et fragile. En effet, la question de la mixité sociale met en jeu une opposition entre des acteurs qui exhortent franchement à la remise en cause du droit à la ville des populations défavorisées et ceux qui souhaitent au contraire préserver ce peuplement ; une opposition qui selon les conditions peut basculer dans un sens comme dans l'autre.

Le consensus sur la question du peuplement apparaît d'autant plus fragile que de nombreux analystes soulignent les difficultés de mise en œuvre de la mixité sociale et les détournements de sens dont-elle peut faire l'objet. Toutefois l'injonction législative de la mixité sociale a eu le mérite d'engager un véritable débat entre les acteurs locaux sur les enjeux politiques et sociaux de cette question et les réelles

---

deuxième ligne sera verte, 300 arbres seront plantés tout au long du parcours. Les voies Bérard seront engazonnées. Des plantations au sol borderont l'avenue de la Libération. L'enjeu est de végétaliser cette ville minérale et sèche (sans fleuve) qu'est Saint-Étienne.

La ville a aussi choisi de faire appel à treize designers, sculpteurs, plasticiens. » (V. CHARBONNIER, P. DELOHEN, 2004).

[76] JAILLET (Marie-Christine), 2002, « Ces Quartiers dont on parle », *Les 5 à 7*, n° 3, publication *Profession banlieue*, Centre de ressources pour la politique de la ville en Seine-Saint-Denis, intervention retranscrite par MADELIN (Bénédicte).

difficultés de sa mise en œuvre. Les contraintes des acteurs institutionnels à traduire la mixité sociale en actes et leur désarroi face aux stratégies de distinction des couches moyennes les conduisent à une oscillation permanente dans le discours et dans les actions entre mixité sociale, mixité de l'habitat et mixité fonctionnelle. Les deux dernières perspectives sont de plus en plus présentées comme le biais par lequel pourrait être mise en œuvre la mixité sociale. Cependant, la mixité de l'habitat n'implique pas pour autant l'attractivité des couches moyennes convoitées, car par exemple, le pavillonnaire à proximité des HLM fait l'objet de la même stigmatisation. En outre, l'initiative des élus d'implanter du logement social dans un tissu pavillonnaire suscite à tous les coups l'opposition des riverains[77]. Pourtant, de nombreuses expériences ont montré que les élus savent maîtriser le peuplement du logement social pour notamment permettre le rajeunissement de certains quartiers. La mixité fonctionnelle, quant à elle, deviendra une modalité d'intervention particulièrement privilégiée. Envisagée comme un facteur d'attraction des cols blancs, elle se traduit par l'implantation d'activités tertiaires sur les emprises libérées par les démolitions de HLM. Malgré, l'affirmation du mouvement de dissociation entre l'habitat et le travail, cette option s'appuie sur l'idée *a priori* que les cadres vont s'installer à proximité de leur lieu de travail. Ainsi, la seule perspective crédible de la mixité fonctionnelle est qu'elle soit envisagée comme un moyen d'accrocher ces territoires périphériques au développement global de l'agglomération. C'est dans l'esprit de la mixité fonctionnelle que la ville de Saint-Étienne a engagé, dès 1998, la recomposition des quartiers de grands ensembles, notamment ceux du sud-est (Montchovet[78]) et celui de Montreynaud[79]. Ces

---

[77] L'association *HBE (Habiter à Beaumont Est)* qui se dit représentée les résidants de la ZAC de la Mourette s'oppose fortement à l'implantation de logement sociaux à proximité des lotissements d'habitat pavillonnaire existants. Beaumont appartient à la communauté d'agglomération clermontoise.

[78] Ce quartier situé au sud-est de la ville, concerné par la procédure GPV a fait l'objet d'une importante opération de rénovation : démolition de la « Muraille de Chine » et réalisation d'un centre hospitalier privé regroupant plusieurs cliniques de la Loire.

projets de diversification sociale et économique qui préfigurent la reconquête[80] économique de ces quartiers laissent entière la question des conditions de relogement de la population concernée par les démolitions.

Dans les villes anciennement ouvrières, les tergiversations des acteurs institutionnels concernant la politique de peuplement traduisent également les interférences de l'esprit local, confusément mêlé de nostalgie, d'humanisme condescendant, de compassion ou de paternalisme. Le discours des acteurs sur la volonté de préserver la convivialité ou l'esprit village qui fondent les quartiers, traduit moins une conscience intuitive de la diversité sociale en tant que soubassement de l'urbain, qu'une nostalgie. Les paradoxes de ce discours résonnent comme un écho dans les jeux résidentiels des couches moyennes et leurs formes d'appropriation de l'espace urbain : en même temps qu'elles affirment leurs stratégies de distinction, elles sont conscientes des risques de ce processus et restent tout de même attachées au principe de diversité sociale. Par ailleurs, Michel Bonetti[81] (2004), à travers l'analyse d'une vingtaine de projets de renouvellement urbain, montre que la dynamique résidentielle d'un quartier dépend de ses anciens habitants qui peuvent accueillir positivement les futurs résidants si la valorisation des lieux et leur qualification leur profitent au lieu de les exclure. Dans le cas contraire, ils développeront des réactions de rejet à l'égard des nouveaux venus qui seront la source de tensions dans le quartier.

Les élus mettent souvent en avant la notion hypothétique d'équilibre de peuplement et veulent tenter d'encourager la mobilité résidentielle de ceux qui n'en ont pas forcement les moyens. Ils

---

79 La rénovation de ce quartier situé au Nord-Est de la ville, inscrit dans la procédure GPV, a pour objectif de permettre l'accueil des activités qui viennent renforcer la Zone de Redynamisation Urbaine.

80 SEMMOUD (Nora), 2004, « La Conquête économique des quartiers d'habitat social », *Cahiers de géographie du Québec*, volume 48, n° 134, septembre 2004, pp. 173-190.

81 BONNETI (Michel), 2004, « Les Risques de dérive dans la transformation des grands ensembles. Analyse d'une vingtaine de projets de renouvellement urbain », Les Annales de la Recherche Urbaine, n° 97, décembre 2004, pp. 32-42.

cherchent alors à réunir les conditions pour faciliter la mobilité résidentielle de ceux qui le souhaitent, au sein comme en dehors de l'habitat social. Concrètement, il s'agit d'inciter certains habitants du logement social ou de l'habitat délabré du centre à accéder à la propriété ou à la location privée, sur des produits adaptés, notamment en matière de coûts. Des conditions qui, selon les acteurs, permettraient d'élargir les possibilités de mobilité résidentielle au plus grand nombre sur l'ensemble de la ville. Cependant, la fragilité du consensus sur la politique de peuplement conduit à s'interroger sur les tournures que peut prendre la perspective des parcours résidentiels. Est-ce seulement la formulation politiquement correcte du rejet de couches sociales pauvres vers la périphérie ? Les tentatives de mélanges et de dosage savants que ces parcours résidentiels supposent, ne menacent-ils pas d'implosion des espaces sociaux déjà fragiles ? D'autant que dans un contexte de chômage de masse, cette perspective obligerait les gens à consacrer une part importante de leur faible revenu au logement.

Finalement, à l'échelle locale, la politique de peuplement apparaît écartelée entre la préservation de l'identité populaire, solidaire et conviviale qui a fait l'urbanité de nombreux territoires et une ville que l'on veut aseptiser pour les cadres et les opérateurs économiques. Seulement le rapport de force n'étant pas strictement local, le poids des investisseurs et des promoteurs immobiliers du marché national qui attendent toutes les garanties des acteurs locaux, va certainement peser sur la politique de peuplement. Face au caractère conflictuel que peut prendre la maîtrise du peuplement, la démarche participative et la recherche du consensus vont apparaître comme les seules issues pour légitimer les différents choix. La démarche participative, dans ce cas de figure, peut se limiter à être un processus de légitimation des opérations urbaines aux yeux de l'opinion. Il s'agit alors de prévenir les conflits et de les neutraliser par le compromis et le consensus, voire de contrôler et de maîtriser la contestation et/ou la revendication sociale. Des stratégies qui se soldent par une démobilisation croissante des citadins ordinaires et qui éloignent la participation d'un processus de démocratisation. Des stratégies qui s'inscrivent plutôt dans la recherche de compromis entre les intérêts et le souci de préservation de soi des autorités politiques et les éventuelles demandes de l'opinion (L. Blondiaux[82], S. Lévèque, 1999, p. 70), si tant est qu'elle s'exprime.

---

[82] BLONDIAUX (Loïc), LEVEQUE (Sandrine), 1999, « La Politique locale à l'épreuve de la démocratie. Les formes paradoxales de la démocratie participative dans le XXe arrondissement de Paris », *in* C. Neveu (dir.), *Espace public et logique de la citoyenneté locale*, Paris, L'Harmattan, pp. 17-82.

II. LOGIQUES CONTRADICTOIRES DE L'URBANISME

Nous proposons de voir à présent comment les représentations et leurs paradoxes opèrent sur l'urbanisme pour faire apparaître des logiques contradictoires. L'analyse, dans un premier temps, du contenu et des significations des opérations que désigne le renouvellement urbain, nous permet du même coup de mettre en évidence les nouvelles figures de l'urbanistique, au travers de ce que nous nommons « l'urbanisme du vide ». Dans un second temps, elle s'attache à décrypter les mentalités locales, sensées être affranchies de toute instrumentalisation, et à montrer de quelle façon elles opèrent sur l'urbanistique. En fin de compte, la confrontation des représentations dominantes et des mentalités locales se traduit inévitablement par des contradictions au sein des logiques sociales de l'urbanisme, particulièrement en matière de peuplement.

Nous désignons par « urbanisme du vide » la démarche pragmatique des acteurs politico-administratifs qui consiste à gérer les conséquences sur l'urbain de la dépopulation des villes et de leur nouvelle structure démographique. Cette démarche, qui caractérise le renouvellement urbain, se distingue simultanément par l'intérêt qu'elle porte à la valorisation de l'espace public, par la baisse considérable de la consommation d'espaces périphériques au profit d'opérations sur le tissu urbain existant et par une politique de rénovation plus affirmée des grands ensembles. Au-delà de ces aspects factuels, il s'agit de stratégies, somme toute, paradoxales qui témoignent à la fois du désarroi des acteurs face aux mutations urbaines et de la confrontation entre plusieurs optiques d'intégration/ségrégation sociale.

Le renouvellement urbain, qui dans un premier temps s'appliquait aux seuls quartiers concernés par la Politique de la Ville, a été ensuite élargi par les acteurs locaux pour englober toutes les actions urbaines actuelles. Il est également mis en avant comme un renouveau de l'urbanisme, alors qu'il ne s'agit souvent que d'une réédition d'actions déjà usitées. Le seul aspect qui les distingue d'opérations antérieures est qu'elles sont initiées dans un contexte différent caractérisé, notamment par l'élargissement/fragmentation des centres de décision et par l'importance que prend la participation. Le renouvellement urbain porte bien à la fois une volonté institutionnelle de peuplement élitiste des grandes opérations urbaines et celle du maintien des milieux populaires dans d'autres quartiers concernés par l'action publique. Tout comme le terme projet urbain, la quête de sens dont fait l'objet le renouvellement urbain lui donne la capacité de jouer un rôle de médiation permettant aux acteurs d'inventer dans l'action des formes de consensus et de mises en œuvre pratiques, malgré la diversité de leurs engagements (J. Rémy[83], 1998).

Pour notre part, nous proposons d'analyser les pratiques du renouvellement urbain et leurs significations en mesurant les effets croisés des représentations dominantes et des mentalités locales. Dans les territoires à tradition ouvrière, ces dernières correspondent aux représentations à caractère populaire liées à l'héritage légué par les luttes et la solidarité, qui échappent en partie aux stratégies institutionnelles. Elles recouvrent des registres de valeurs idéalisatrices, compensatoires et identificatoires du milieu ouvrier, tels la sociabilité, la générosité, l'amour du travail bien fait, l'inventivité, la combativité et l'humilité. De la même façon que les autres représentations, elles sont triées et réinterprétées selon la position sociale des individus et peuvent être alors soit partagées, et permettre un état de grâce dans les rapports entre dominés / dominants, soit divergentes, et refléter la nature des conflits. Au demeurant, elles ont une telle efficacité sur les pratiques des acteurs institutionnels qu'elles peuvent jouer le rôle d'antidote face aux risques d'un urbanisme autoritaire et brutal et, en particulier, d'un renouvellement urbain qui viserait avant tout le renouvellement de la population. En même temps, elles sont, vraisemblablement, une des raisons de l'installation des couches moyennes en quête de culture ouvrière dans les quartiers populaires.

---

[83] REMY (Jean), 1998, « Le Projet urbain : sens et significations », *in* TOUSSAINT (Jean-Yves) ZIMMERMANN (Monique) (dir.), *Projet Urbain. Ménager les gens, aménager la ville*, Pierre Mardaga, Sprimont, Belgique, pp. 5-9.

1. Renouvellement urbain et « urbanisme du vide »

C'est, sans doute, nos travaux[84] sur les villes d'Auvergne qui ont permis de mettre en évidence les stratégies que nous avons désignées par « urbanisme du vide ». Il s'agit de pratiques de l'urbanisme, apparues au cours de ces vingt dernières années, qui se sont construites de façon pragmatique pour s'adapter aux conséquences urbaines des phénomènes de dépopulation des villes. Qu'elles apparaissent sous le vocable de faire la ville sur la ville, de renouvellement urbain ou de rénovation urbaine, elles n'en portent pas moins un même objectif, celui de gérer le vide, occasionné par la dépopulation. Le dernier recensement, en même temps qu'il corrobore une tendance au dépeuplement des villes centres au bénéfice des aires urbaines, met en évidence des changements dans la répartition spatiale de la population, selon son âge. Les tendances font apparaître le vieillissement des habitants du centre[85] et la préférence des jeunes ménages pour le périurbain. A Saint-Étienne, par exemple, qui est la ville de France ayant perdu le plus d'habitants entre les deux derniers recensements[86], la variation globale de population est due à un solde migratoire extrêmement bas, alors que le solde naturel reste positif, même s'il est très faible. La perte de population de la ville se fera alors au bénéfice de son aire urbaine où les communes périphériques voient leurs résidants augmenter sous l'effet de soldes migratoires positifs importants.

L'érosion démographique s'accompagne inévitablement de l'augmentation du taux de vacance dans l'habitat, et de la multiplication et de la persistance des friches urbaines liées au déclin de nombreuses activités. Le taux de vacance est estimé à

---

[84] SEMMOUD (Nora), 2002, « Stratégies urbaines », in *L'Auvergne Urbaine. Mythes et réalités de la ville auvergnate*, EDOUARD (Jean-Charles) (dir.), Presses Universitaires Blaise Pascal, CERAMAC, Clermont-Ferrand, pp. 201-230.

[85] La tendance au vieillissement est plus forte dans les petites villes. A Aurillac, la population de plus de 60 ans représente un habitant sur cinq. Au Puy-en-Velay, la tranche de plus de 60 ans est largement supérieure à la moyenne de l'aire urbaine (RGP 1999).

[86] La population est passée de 200 000 personnes en 1990, à 180 000 en 1999.

8 % dans l'agglomération stéphanoise, 11,1 % dans Saint-Étienne et 18 % dans l'ancien quartier des passementiers du Crêt de Roc. De la même façon, à Clermont-Ferrand, la vacance[87] touche un volume[88] de logements supérieur à celui de l'aire urbaine, soit 8,8 % du parc total de la ville. Ce phénomène atteint des taux entre 15 % et 50 % dans les quartiers à proximité de la gare, dans certains îlots de Jaude au centre et à Champratel (quartier HLM de la périphérie nord). Dans ce contexte démographique et urbain, réapparaissent les opérations de rénovation, associées aux réhabilitations du bâti ou aux restructurations des friches. Ces opérations se multiplient et prédominent sur les urbanisations périphériques qui, quant à elles, diminuent sensiblement. La réédition d'opérations et de procédures déjà usitées se fait néanmoins avec une vision qui cherche à s'écarter à la fois de la politique exclusive du « bulldozer » et de la conservation « à tout prix » du bâti ancien. La démarche se veut plutôt pragmatique et tente d'allier, d'un côté, les actions de dédensification du bâti pour aérer le tissu urbain et offrir de nouveaux espaces publics, et de l'autre, les opérations de réhabilitation du bâti pour le rendre conforme aux modes de vie actuels.

En premier lieu, les opérations que nous avons qualifiées « d'urbanisme du vide » portent plus sur l'aménagement de la ville existante et focalisent plus sur les espaces publics, que sur la construction de nouveaux édifices. Elles définissent un urbanisme qui prend acte du phénomène de dépeuplement et recentre ses actions sur les vides urbains dont la qualification vise le maintien d'un niveau optimum de peuplement. Les vides urbains sont constitués des espaces publics existants ou de ceux à créer sur les emprises[89] libérées par les démolitions.

[87] RGP 1999. Notons que les logements vacants, au sens INSEE, comprennent à la fois les logements disponibles pour la vente ou la location, les logements achevés neufs mais non encore occupés à la date du recensement, ainsi que les logements non disponibles (en travaux de rénovation par exemple).

[88] Volume estimé à 6 600 logements.

[89] Les espaces libérés par la démolition de friches sont en grande partie dédiés aux espaces publics, par exemple la place du 1er Mai à Clermont-Ferrand s'est substituée à de vieux hangars industriels. De nombreuses « dents creuses »

« L'urbanisme du vide », particulièrement dans son action de qualification des espaces publics, apparaît aussi comme une stratégie des acteurs institutionnels pour attirer les promoteurs immobiliers. En valorisant les espaces publics, les acteurs institutionnels espèrent préparer le terrain aux promoteurs immobiliers et ainsi, faire face à leur frilosité à investir dans des lieux disqualifiés. Dans cette optique, de nouveaux espaces publics sont aménagés selon une conception virtuelle des édifices attendus. On assiste alors à une inversion de la démarche, qui consiste à aménager les espaces publics avant la réalisation des édifices, du reste hypothétique, et qui peut donner lieu à des traductions caricaturales, comme à Saint-Étienne où la place aménagée de Terrenoire reste caractérisée par l'absence de front bâti car les promoteurs potentiels tardent à se manifester.

En second lieu, « l'urbanisme du vide » correspond à l'abandon d'une vision exclusivement quantitative des besoins sociaux au bénéfice d'une approche qualitative. Ainsi, l'équation de l'après guerre qui liait le besoin massif de logement à un urbanisme caractérisé par la surenchère de la consommation du sol, est remplacé aujourd'hui par une nouvelle équation, tout aussi mécanique, qui associe, cette fois, le dépeuplement à une baisse sensible de la construction de logements dans les villes, qui touche particulièrement les HLM. Cet urbanisme de gestion du vide, induit certes par le dépeuplement mais aussi par le désengagement des pouvoirs publics de la construction de logements sociaux[90], affecte les opérations tant au coeur de la ville que dans ses extensions. Aux abords des villes, le volume foncier des zones d'urbanisation futures, quand il ne stagne pas, diminue au bénéfice de zones

---

dans le centre stéphanois sont classées en tant qu'Espaces Réservés au POS pour réaliser des espaces verts.

[90] Pourtant la demande en logement et notamment en logement social croît de façon exponentielle. La Fondation de l'abbé Pierre considère que 50 % de la population française est mal logée. L'observatoire de la Fondation estime le déficit à six cent mille logements (Patrick Doutreligne, délégué général, 21 juin 2004). Un sondage de la Sofres du 31 mars 2005 souligne que pour un Français sur trois, comme pour un maire sur trois, il est très difficile de trouver un logement dans les villes de 2 000 à 20 000 habitants.

naturelles protégées ou de lotissements paysagers[91]. En définitive, « l'urbanisme du vide » limite considérablement les extensions urbaines, pour proposer des espaces naturels de loisirs et centrer résolument les opérations sur la valorisation de la ville existante. Pour de nombreux acteurs, il s'agirait là d'une façon de contrebalancer le mouvement d'exode des couches moyennes vers le périurbain et de préparer les conditions de leur retour en ville.

En troisième lieu, nous considérons les opérations de démolition pratiquées dans le cadre du renouvellement urbain comme symptomatiques de « l'urbanisme du vide ». Toutefois, ces démolitions prennent un sens particulier quand il s'agit de grands ensembles où des milliers de logements ont déjà été détruits ou sont destinés à l'être. Dans ce cas de figure, tout se passe comme si le vide créé par la démolition devait extirper le lieu de son sens originel. Autrement dit, il s'agit d'en évacuer les stigmates pour lui redonner une virginité ou une vacuité de sens susceptible d'être investie par de nouvelles significations, espérées cette fois valorisantes. La recomposition des quartiers du sud-est[92] stéphanois illustre parfaitement cette dimension de « l'urbanisme du vide » qui consiste à démolir dans le but d'effacer un stigmate pour lui substituer une image valorisante. A l'instar d'autres quartiers d'habitat social, depuis les années 1980, ce site fait l'objet d'actions répétées d'insertion sociale et économique, d'opérations urbaines et de réhabilitation de l'habitat. Devant la persistance de la précarité et de l'image dévalorisée de ces quartiers, les actions font table rase des bâtiments les plus stigmatisés socialement pour leur substituer des activités tertiaires. Dès la démolition du bâtiment surnommé Muraille de Chine[93] qui libérait un site de

---

[91] Programme aurillacois d'habitat individuel sur des lots de superficie importante (plus de 1 000 m²), où les espaces publics (jeux pour enfants, squares...) sont importants. On retrouve cette idée également à Saint-Étienne pour l'aménagement de l'habitat pavillonnaire de Saint-Victor-sur-Loire.

[92] Situés au pied du massif du Pilat, les quartiers du sud-est ont été réalisés entre 1953 et 1969 pour offrir 4 500 logements, en majorité de statut social. Ils sont composés des quartiers de Beaulieu, La Marandinière, La Palle, Pierre Loti et Montchovet. C'est ces deux derniers quartiers qui concentrent toute l'attention des décideurs.

[93] Il s'agit d'une barre de 270 m de long qui comprenait 500 logements, démolie le 27 mai 2000. Réalisée en 1965, elle comptait, quelques mois avant

quatre hectares, la mise en œuvre d'un important pôle hospitalier est engagée et, du même coup, la transformation radicale de la vocation[94] du quartier. L'opération du Sud-Est stéphanois visibilise et conjugue finalement différentes stratégies : la synchronisation de la transformation d'image avec celle de la morphologie socio-spatiale ; la concrétisation de la mixité fonctionnelle à défaut de mixité sociale ; et enfin la mise en œuvre de « l'urbanisme du vide » et ses différentes dimensions (maîtrise du peuplement et de la vacance, qualification par l'espace public, vacuité de sens, etc.).

Cependant ces stratégies, eu égard à leurs paradoxes, ne préjugent pas toujours du contenu social que prendra le vide laissé par la démolition des HLM. Les interrogations sur le peuplement et particulièrement sur le devenir de la population en place actuellement, peuvent donner lieu à deux hypothèses opposées : la première force le trait de ces actions qui prennent alors le caractère d'une véritable reconquête économique des banlieues, synchronisée avec un processus de changement social. Tout comme les opérations de rénovation urbaine des années 1960 et 1970, cette optique suppose inévitablement le déplacement et donc l'exclusion vers d'autres lieux de relégation, de la fraction la plus vulnérable des résidants actuels, parallèlement à l'encouragement de l'installation des cadres, comme les professionnels de la santé dans les quartiers du sud-est stéphanois. La seconde hypothèse, opposée à l'esprit de la première, voit cette reconquête économique comme une façon d'accrocher ses sites périphériques à la dynamique de développement de l'agglomération. Dans cette optique, outre leur certitude, quant à la création d'emploi, les acteurs institutionnels restent persuadés que le développement d'activités économiques suppose inévitablement à terme l'amélioration de la situation socio-économique de ces territoires. En replaçant ces lieux disqualifiés au sein du tissu économique de l'agglomération, ils espèrent ainsi des

---

sa démolition, 249 familles à reloger. La démolition a été justifiée par une vacance importante et persistante, attribuée à la baisse de la population, qui est évaluée pour les quartiers du sud-est à 2 400 habitants entre 1990 et 1999.

[94] Une zone d'activités à vocation paramédicale sera aménagée à l'emplacement des immeubles de Pierre Loti, à proximité du Centre hospitalier de la Loire. La recomposition des quartiers du sud-est ainsi engagée préfigure un pôle tertiaire autour de la santé.

incidences positives sur leur image et, par conséquent, à terme sur les conditions d'existence des résidants. Au demeurant, ces deux perspectives, présentées de façon caricaturale, apparaissent en réalité confusément entremêlées et traduisent sinon l'affrontement quand au contenu social à donner au vide laissé par les démolitions des HLM, du moins un certain désarroi de l'urbanisme.

« L'urbanisme du vide » n'est pas, en effet, exempt de contradictions. Malgré sa volonté de s'écarter de la surenchère de la consommation du sol, il continue à donner la priorité au développement périphérique de l'habitat pavillonnaire, alors même que l'offre en stock connaît une commercialisation difficile[95]. *A contrario*, la programmation du logement social reste souvent au stade d'orientations alors même que la demande est croissante. De la même façon, les Plans Locaux de l'Habitat se limitent à des orientations généreuses et restent imprécis quant aux volumes par types d'habitat, à la clientèle concernée et à la localisation. L'opacité des politiques locales de l'habitat dérange d'autant plus que sont mises en parallèle la promotion de l'habitat pour les cadres et les démolitions de logements sociaux. Les disparités dans le traitement de la question de l'habitat selon les catégories sociales font apparaître « l'urbanisme du vide » comme une nouvelle figure de peuplement.

Outre ses caractères communs avec « l'urbanisme du vide », le renouvellement urbain, un terme urbanistique relativement récent[96], apparaît *a priori* polysémique. Il désigne, en effet, toutes les interventions d'urbanisme sur le tissu urbain existant, quelle qu'en soit la nature ou la taille. Les acteurs politico-administratifs procèdent comme si ce nouveau terme correspondait à un véritable renouvellement de l'urbanisme. Est-on alors, comme le souligne Marcel Roncayolo (1999, p. 23) en train de *« [...] confondre vrais changements et modifications subsidiaires,* [et de] *valoriser le mot et le gadget par rapport aux véritables stratégies. »* ? A travers

[95] Selon la FNAIM clermontoise, par exemple, la demande d'habitat pavillonnaire concerne moins la périphérie de la ville que le périurbain. Alors que l'offre continue à être développée en périphérie.

[96] Il semble que le terme ait été introduit officiellement en 1999 par la Caisse des Dépôts et Consignations, en créant, cette même année, la direction du renouvellement urbain.

cette terminologie nouvelle, les acteurs politico-administratifs veulent croire à un renouveau de l'urbanisme, alors qu'il ne s'agit là que de « [...] *remous cycliques et* [des] *aller et retour idéologiques de très longues tendances.* » (M. Roncayolo, 1999, p. 23). En fait, la complexité des mutations urbaines actuelles met en demeure les pratiques urbanistiques d'évoluer. Le renouvellement urbain est alors envisagé comme une parade aux questions devenues obsédantes, comme l'éclatement des mobilités, la périurbanisation, la dévitalisation des centres, la persistance de la stigmatisation des grands ensembles sociaux, les stratégies d'entre soi des couches moyennes, etc. ; des questions qui buttent sur un urbanisme pouvant tout naturellement renouer avec ses maladies « infantiles » (M. Roncayolo, 1999, p. 23), comme la rénovation urbaine.

Cependant, si la mise en parallèle du renouvellement urbain et de la rénovation urbaine apparaît systématiquement dans le discours, elle n'en traduit pas moins deux postures au sein des acteurs. La première s'appuie sur la politique du gouvernement actuel[97], remet en selle la rénovation urbaine et déculpabilise du même coup les tenants de la table rase. La seconde correspond à une distanciation, au moins théorique, de la rénovation urbaine associée à l'urbanisme des dalles et considérée antinomique de l'approche sensible, écologique et qualitative attribuée au renouvellement urbain. Pourtant, dans les deux cas, l'idée de transformation radicale que recouvre le renouvellement urbain présente, à travers la démolition de logements, les figures de la rénovation urbaine. Le renouvellement urbain est-il alors un processus de changement social, comme le montre Henri Coing[98] (1976) pour la rénovation urbaine ? L'étude d'Henri Coing, réalisée à l'occasion de la rénovation d'un îlot du 13e arrondissement à Paris, démontre comment les liens entretenus entre les structures spatiales et l'ensemble des structures symboliques, mentales et comportementales des communautés résidantes, ont été balayés par cette opération. En définitive, les

---

[97] Loi d'orientation et de programmation pour la ville et la rénovation urbaine du 1er août 2003 (n°2003-710), dite loi Borloo.
[98] COING (Henri), (1976), *Rénovation urbaine et changement social,* Paris, Editions ouvrières.

observations ne bénéficient pas d'un recul suffisant et ne peuvent pas permettre de conclure sur l'impact social des opérations qui se revendiquent du renouvellement urbain. En revanche, les tendances observées sont préoccupantes quant au sort de la population déplacée, notamment au vécu de cet itinéraire, forcé ou non, et aux conditions du relogement. Michel Bonetti (2004) souligne à juste titre que cette approche brutaliste du renouvellement urbain reproduit les conceptions qui ont sous-tendu la réalisation des grands ensembles, des conceptions qui ont, somme toute, nié l'historicité des individus et des lieux.

Tenant compte de ce qui précède, la question du renouveau de l'urbanisme susceptible d'être porté par le renouvellement urbain, nous conduit à déplacer l'analyse plutôt vers le contexte nouveau dans lequel s'élabore les projets. Le plus manifeste dans le processus de mise en place des projets, c'est d'abord la transformation du système d'acteurs qui s'est considérablement élargi, diversifié et complexifié. Ce processus de redéfinition des acteurs et des pratiques, apparu depuis la décentralisation, s'est accéléré avec la dynamique de regroupement communautaire et le caractère transversal de certaines politiques qui s'est imposé comme une nécessité. Ainsi, par exemple, les politiques de transports et de déplacements ont vu les acteurs de la maîtrise d'ouvrage (municipalités, communautés d'agglomération, conseils général et régional, l'Etat, etc.), ainsi que les opérateurs publics ou privés (SNCF, RFF[99], les autorités organisatrices des transports en commun, les transporteurs, etc.) à la fois se multiplier et être contraints de travailler ensemble. Le processus d'élargissement des centres de décision va être synchrone de leur fragmentation, en particulier au cours de la phase de mise en œuvre des projets. Toujours est-il que la fragmentation des centres décisionnels et de pouvoir induite par ce nouveau système d'acteurs, va rompre l'unanimité relative et faire apparaître des contradictions entre les différentes perceptions des projets et les logiques sociales qui les sous-tendent. Par exemple, les problèmes *a priori* techniques et de partage de la maîtrise d'ouvrage reflètent, en fait, le jeu entre les maires des petites communes et les élus de la commune mère. Si les décalages enveniment et rendent visibles les conflits d'intérêt,

---

[99] Réseau Ferré de France.

ils n'entachent pas pour autant la construction d'un consensus qui porte plus sur les orientations que sur les conditions socio-économiques de leur mise en œuvre.

Les projets seraient ainsi, le temps de la négociation, de la recherche d'un compromis ou d'un consensus, le reflet partiel du jeu d'acteurs. Les acteurs n'hésitent plus à rendre public l'objet de leurs désaccords à travers la presse et dans les espaces de concertation avec les destinataires des projets. La lisibilité de ces stratégies et leur distance de l'énoncé de principe classique permettent à d'autres acteurs (associations, citadins ordinaires, etc.) de percevoir, dans une certaine mesure les significations sociales du projet et ainsi de mieux ajuster leurs réactions. Le nouveau système d'acteurs va entraîner ainsi un renouvellement des pratiques professionnelles, la mise à l'écart progressif de la sectorisation et du devoir de réserve au profit de démarches transversales, et peser ouvertement sur le contenu du consensus. En définitive, le contexte dans lequel émerge le renouvellement urbain est caractérisé par un processus de fragmentation/élargissement des centres décisionnels dont les manifestations sont l'expression de larges et divers intérêts dans le système décisionnel, la visibilité auprès de l'opinion publique de débats contradictoires et la construction laborieuse de consensus.

Les professionnels de l'urbanisme ont aujourd'hui parfaitement conscience que leurs pratiques sur l'espace doivent permettre d'articuler plusieurs politiques (transport, habitat ou emploi) et plusieurs domaines (social ou économique). Même si beaucoup d'entre eux, encore persuadés de leur pouvoir exclusif sur l'espace, considèrent qu'ils sont les « chefs d'orchestre » de cette complexité, les professionnels dans leur ensemble semblent avoir intégré la nécessité des démarches transversales. Cependant, certaines dimensions énoncées dans les principes, comme celles qui ont trait au social, restent le plus souvent occultées dans la mise en œuvre des projets. Les études sociales, quand elles ne se limitent pas à des approches démographiques sommaires, restent basées sur des catégories génériques. Il persiste encore une trop grande foi dans la science des montages, des procédures et des modèles, auxquels on prête d'importants pouvoirs, mais qui conduisent finalement à une déréalisation de l'espace et du social (M. Bonetti, 2004). L'innovation dans cc domaine se limite à tenter des mixages ou des superpositions de procédures déjà existantes. En revanche, la vision technocratique de la temporalité du projet a fini par intégrer que la fabrication d'un espace n'a pas un début et une fin, mais qu'il s'agit plutôt d'une dynamique continue et permanente qui se greffe sur celle déjà existante. Cette vision du projet, dans sa dimension transversale et en tant que processus, induit forcément sa flexibilité et son adaptabilité. La démarche, devenant alors pragmatique, privilégie la souplesse, se donne des marges de manœuvre et réagit en fonction des opportunités. Elle tente d'intégrer les aléas, notamment économiques, les menaces éventuelles sur le projet et les incertitudes de la négociation avec les opérateurs économiques. Le pragmatisme de la démarche, conjugué à une distance par rapport à l'urbanisme fonctionnaliste et à la « patrimonialisation » à tout prix, aboutit à une conduite professionnelle nouvelle, dont l'effet pervers pourrait être de s'affranchir totalement de la planification, jugée contraignante aujourd'hui.

A Saint-Étienne, l'économie prédomine dans la réflexion des acteurs sur le renouvellement urbain. Le réinvestissement tertiaire des sites du GIAT et surtout de Châteaucreux est fortement mis en avant, parce qu'il est perçu comme un vecteur de valorisation du territoire et de transformation d'image. Cependant, une question de fond reste en suspens, celle de l'implication du secteur privé et en premier lieu celle des promoteurs. Il est vrai que le tertiaire public[100] donne l'exemple pour enclencher la dynamique d'occupation des sites du GIAT et de Châteaucreux, mais qu'en sera-t-il du secteur privé ? Les acteurs stéphanois comptent sur un véritable partenariat avec les promoteurs immobiliers afin qu'ils jouent le jeu et prennent le relais de l'action publique. Dans cette optique, une véritable stratégie[101] a été mise en place pour rendre le marché stéphanois attractif. Estimé tenu par un lobby local qui l'a maintenu bas pour des raisons de monopole, l'objectif est de le débloquer. Les acteurs stéphanois sont conscients que l'ouverture du marché immobilier et son évolution sont une condition essentielle du renouvellement urbain. Ainsi, le but est d'appâter

[100] Saint-Étienne -Métropole et les services fiscaux.

[101] La Mairie a, par exemple, embauché un transfuge du secteur immobilier privé dans le but d'attirer les investisseurs.

les gros investisseurs nationaux, notamment par des conditions d'acquisition foncières avantageuses. Le marketing, qui accompagne naturellement cette dynamique envisage, par exemple, d'utiliser le renom de la société COGEDIM[102] comme une sorte de locomotive et de porte-drapeau pour crédibiliser le marché stéphanois aux yeux des autres investisseurs. Malgré les conditions favorables faites aux promoteurs immobiliers nationaux et le frémissement du marché stéphanois, les acteurs restent lucides et mesurent combien le renouvellement urbain est tributaire d'un secteur privé qui est d'autant plus frileux que l'ampleur des opérations constitue un pari risqué. Ce dernier, en effet, peut aussi bien crédibiliser le marché immobilier que marginaliser davantage Saint-Étienne.

2. Les mentalités locales : un antidote ?

Contrairement à la section, intitulée *Héritage et imagerie* qui traite de l'imagerie dominante et institutionnalisée affectant la ville et l'urbain, la présente section, quant à elle, analyse l'allégorie populaire à laquelle renvoie l'esprit local : un héritage qui échappe en partie aux stratégies de contre-image et qui imprègne l'ensemble du corps social. On a tendance à penser que rien ne résiste au rouleau compresseur de l'uniformisation des mœurs et de la culture, pourtant ce mouvement est moins homogène qu'il n'y paraît. Tout se passe comme si, en même temps que la mobilité en tant que figure de la modernité affecte les modes de vie, il s'établit un besoin d'ancrage territorial constitutif d'une identité. Le discours des citadins et des acteurs institutionnels ou associatifs traduit bien cette identité reflet des mentalités locales et de leur effet opérant sur les pratiques. Des termes récurrents, comme l'esprit local, l'esprit Michelin, l'esprit stéphanois, l'esprit de la mine, etc., significatifs en matière d'identité collective, sont utilisés pour expliquer ou qualifier certaines attitudes. L'intérêt est donc de

[102] Avec plus de 30 ans d'expérience, COGEDIM est considéré comme le leader de la promotion immobilière haut de gamme en France. Depuis sa création en 1963, COGEDIM a réalisé de nombreux programmes en Ile-de-France, mais aussi sur la Côte d'Azur et dans la région Rhône-Alpes.

comprendre le rôle de ces mentalités locales sur les pratiques urbaines, qu'elles soient institutionnelles ou le fait des habitants. L'analyse ici conforte l'idée du temps long des représentations liées à la mythologie de l'esprit local et de leur impact sur les rapports sociaux. Elle fait apparaître, en particulier, les interférences de ces représentations sur celles portées par les acteurs politico-administratifs et le rôle de contrepoids qu'elles peuvent avoir par rapport à un urbanisme autoritaire. Ces représentations peuvent également être une piste explicative de l'installation des couches moyennes dans les quartiers à tradition ouvrière. Plus généralement, elles permettent de saisir les opinions dans leur complexité et leurs contradictions, notamment chez les individus dont la trajectoire sociale conjugue histoire sociale ouvrière et position sociale prétendue ou acquise.

Dans les villes à tradition ouvrière, l'esprit local se structure généralement selon quatre registres essentiels, celui de la solidarité et des sociabilités qui lui sont associées, celui du travail et des valeurs d'inventivité, celui de la combativité et enfin celui de l'humilité. Des valeurs qui décrivent, somme toute, un monde quasi idyllique où l'individu apparaît comme un être exceptionnel. Tout se passe comme si la supplémentation du réel (D. Jodelet, 2003, p. 70), opérée dans ce cas par l'esprit local, agissait comme un système de compensation mnémonique des drames vécus dans le monde ouvrier. En tout état de cause, c'est bien cet idéal à atteindre par chacun qui forge la dynamique identitaire. Au demeurant, des conditions conflictuelles peuvent inciter à opposer à chaque registre valorisant, un regard critique qui en souligne les facettes négatives, telles que la niaiserie, la naïveté, l'obéissance servile ou le manque d'exigence. Ces paradoxes de l'esprit local tiennent au fait des rapports sociaux qui prévalent dans le territoire. Les protagonistes puisent chacun dans ces registres en opérant un tri et en réinterprétant le sens selon leur positionnement social et les enjeux du moment. Ils corroborent ainsi l'efficience des mentalités locales sur les pratiques sociales et politiques et sur les rapports sociaux.

Il arrive souvent que des acteurs institutionnels de territoires à tradition ouvrière associent la simplicité, la retenue ou l'humilité, chez une part importante de la population, à une manifestation de résignation et à un faible niveau d'exigence, voire à de la médiocrité. Pour autant, leur perception de ces valeurs apparaît pour le moins contradictoire, car d'un côté, ils déplorent la modestie paralysante et conservatrice chez de nombreux habitants et de l'autre, ils manifestent leur agacement et leur inquiétude devant la montée en puissance de la demande sociale par le biais des associations. Ils évoquent, par exemple, les récriminations de la population à propos du réaménagement des espaces publics car elle ne comprend pas toujours pourquoi la Ville investit autant pour rénover des places ne posant *a priori* aucun problème au quotidien ! Les acteurs soulignent alors une sorte d'inertie de l'esprit local, car selon eux, l'image du territoire change à l'extérieur, le réel se transforme mais les représentations des locaux ne suivent pas. Parallèlement, les mêmes acteurs soulignent le surcroît de travail que leur procure la mobilisation des habitants, au sein des conseils de quartiers et des associations, au sujet des transformations qui touchent leur cadre de vie. Ainsi, le conservatisme supposé de la population apparaît moins refléter le réel qu'une sorte d'alibi des acteurs pour expliquer les réticences d'une part de la population à l'égard de leurs projets. Il est vrai que la conscience collective aiguisée par les difficultés économiques pèse sur l'évaluation sociale de l'urbanisme et sur le souci d'économie de la population. Le discours dominant sur les difficultés économiques de l'agglomération, véhiculé par les décideurs, n'est d'ailleurs pas étranger aux inquiétudes de la population devant l'importance des investissements que mobilisent les opérations d'urbanisme.

Ancrées dans une histoire et un héritage ouvriers constitutifs de l'identité territoriale, les représentations liées à l'esprit local agissent finalement au cœur des rapports sociaux et poussent les décideurs à mettre en place des mécanismes de régulation sociale parallèles à leurs stratégies de compétition économique avec d'autres villes. Elles fonctionnent plus particulièrement comme une sorte d'antidote face à l'urbanisme autoritaire, car les élus, tout en développant de grandes opérations destinées à attirer les cadres et les opérateurs économiques, doivent nécessairement œuvrer à la valorisation des quartiers populaires. Cependant, face aux conditions de la gouvernance urbaine qui tend à estomper les frontières entre secteurs public et privé et à l'ouverture du marché immobilier et foncier local aux promoteurs nationaux et internationaux, on peut se demander jusqu'où peut aller l'efficience idéologique des mentalités locales sur les pratiques ? Pour illustrer ces propos, le territoire de Saint-Étienne et son esprit stéphanois nous semblent appropriés.

Pour saisir l'articulation de ce que l'on appelle l'esprit stéphanois avec l'histoire et la culture du territoire, l'analyse s'appuie sur le discours des acteurs et un corpus de textes[103] divers (chroniques, enquêtes, essais d'hommes politiques stéphanois, etc.). Systématiquement associé à l'histoire laborieuse de Saint-Étienne, l'esprit stéphanois recouvre, sans doute, les traits qui ont caractérisé les rapports sociaux du monde ouvrier, sa solidarité et ses luttes. L'histoire est ici interrogée dans sa relation avec la tradition collective et avec ce que Daniel Mandon (1976, p. 73) a appelé le temps stéphanois. L'imaginaire collectif stéphanois reste empreint de l'insécurité matérielle des crises périodiques associées au travail (chômage, licenciements, grèves...) et des tristes records d'accidents du travail, particulièrement dans la mine[104]. La réponse à ces menaces s'est traduite par l'affirmation des luttes et des revendications pour la sécurité et le mieux être, ainsi qu'un sens aigu de la solidarité, encore fortement inscrite dans la mémoire collective. Cette analyse permet également de comprendre la vie sociale des quartiers traditionnellement ouvriers, de rendre intelligibles les correspondances entre l'esprit stéphanois et l'esprit village et de saisir comment l'un et l'autre fonctionnent

---

[103] DUBANCHET (François), 1994, *Saint-Étienne par cœur. Entretien avec Yves Espaignet*, Saint-Étienne, Edi Loire, 249 p. ; ROUCHOUSE (Jo), 1999, *« Panassa » de mon enfance. « Le Babet »*, Saint-Étienne, éd. Jo Rouchouse, 126 p. ; SANGUEDOLCE (Joseph), 1993, *Parti pris pour la vie*, Saint-Étienne, éd. VO Editions, 279 p. ; PELLISSIER (Edouart), 1997, *Portrait de famille. Saint-Étienne 1650-1962*, préface MARIN (Anne-Catherine), Conservateur des Archives municipales de Saint-Étienne, Saint-Étienne, éd. Actes Graphiques, 142 p. ; TROCCON (Jules), 1930, *Une Enquête sur l'esprit stéphanois*, Librairies Chevalier Dubouchet à Saint-Étienne et Pierre Masson à Lyon, 174 p.

[104] *« On peut considérer qu'en trois-quarts de siècle les mines de la Loire ont tué plusieurs milliers d'ouvriers »* (P. Faure, cité par D. Mandon p. 80).

comme des éléments fédérateurs et générateurs d'identité collective. Les registres qui définissent l'esprit stéphanois après la Première Guerre mondiale dans l'enquête de Jules Troccon[105] sont encore présents dans le discours actuel. Il faut cependant préciser que cette enquête, pour laquelle trente personnalités locales se sont prononcées sur le sens de l'esprit stéphanois, s'est faite dans un contexte d'exacerbation des luttes de classes. Un contexte où le patronat misait sur cette idéologie locale, sensée partagée par tous, pour tenter d'effacer les frontières entre ouvriers et patrons.

Le premier registre, et sans doute le plus important, porte sur la sociabilité aisée du Stéphanois et sur son caractère affable et débonnaire qui le distingue par la bonne humeur, la jovialité, etc. Selon Daniel Mandon, une série d'images et de chansons gravitent autour du thème de la bonhomie stéphanoise. De la même façon, les discours et les écrits reviennent de façon récurrente sur la bonté, la générosité, la cordialité, la gentillesse, l'hospitalité, etc. des Stéphanois. Aujourd'hui, si ces valeurs sont reprises indifféremment par les acteurs institutionnels et les individus en général, elles n'en traduisent pas moins des visées distinctes. Les premiers les mettent en avant dans leur imagerie pour affirmer l'ouverture de l'agglomération et sa capacité à accueillir les cadres et les opérateurs économiques. Du reste, cette connotation utilitariste ne diminue en rien la croyance des acteurs institutionnels en ces valeurs. Quant aux citadins, ils placent ces dernières dans la sphère de leur quotidien et les rendent opérantes pour gérer leurs rapports avec les autres. La cristallisation de ces valeurs à travers la solidarité et les luttes ouvrières a certes toujours permis d'intégrer les nouveaux venus, qu'ils soient issus du monde

---

[105] TROCCON (Jules), 1930, *L'Esprit stéphanois*, Librairies Chevalier de Saint-Étienne et Pierre Masson de Lyon, 174 p. L'enquête de l'auteur était formulée selon quatre questions : les deux premières portent sur *l'âme et l'esprit stéphanois* et les autres, non exploitées dans cette analyse, concernent plus particulièrement la littérature stéphanoise. Question 1 : *Y a-t-il une âme et un esprit stéphanois ? Moins idéalement, existe-t-il un type stéphanois, un tempérament stéphanois, certaines manières d'être et d'agir, de penser et de sentir particulières à nos concitoyens et permettant à l'observateur de distinguer promptement et à peu près sûrement un Stéphanois d'un étranger ?* Question 2 : *S'il existe une âme stéphanoise et un esprit stéphanois, voulez-vous essayer de les définir ?*

rural voisin ou d'autres pays. Ce qui ne veut pas dire pour autant, que les Stéphanois échappent à la xénophobie qui peut s'exacerber en situation de crise, comme par exemple la flambée d'algérophobie apparue dans les années 1970 (D. Mandon, 1976, p. 117). En tout cas, on assiste à un processus de réinterprétation des sociabilités ouvrières qui apparaissent sous de nouvelles formes mais restent fortement empreintes de leur héritage.

Le second registre des représentations qui caractérisent l'esprit stéphanois traduit, quant à lui, de façon manifeste les traditions de travail et d'inventivité des ouvriers et des artisans stéphanois. Ces représentations s'appuient sur l'idée du travail, en tant que valeur suprême opposée à l'oisiveté et la fainéantise et en tant qu'expression de l'ingéniosité propre du Stéphanois. Daniel Mandon (1976, p. 107), pour sa part, souligne la solide parenté qui existe entre l'artisan, l'artiste et l'inventeur. Dès lors, l'ouvrier n'est plus perçu comme un exécutant de tâches répétitives qui n'exigent aucune ingéniosité, il est hissé au statut de créateur et bénéficie, dans une certaine mesure, de l'aura des artistes.

> *« Ainsi le travail de qualité, l'habileté manuelle et l'ingéniosité ont toujours maintenu cette continuité entre l'artisan, l'artiste, l'ouvrier et l'inventeur, et contribué à créer au niveau du milieu populaire une « micro-culture » dont nous allons retrouver beaucoup d'autres éléments dans la vie quotidienne. »* (D. Mandon, 1976, p. 108).

C'est bien cette micro culture qui est à l'œuvre dans la mythification de l'ouvrier, artiste et inventeur chez les couches moyennes ayant fait le choix de s'installer dans les quartiers traditionnellement ouvriers. Parmi ces gentries, fascinés par le monde ouvrier, nombreux sont ceux qui ont gardé en mémoire le caractère d'ouvrier inventeur de leurs parents[106].

. Le registre du travail et de l'inventivité semble être celui qui fait l'unanimité. Les initiatives autour du design, notamment

---

[106] Parmi les personnes interviewées qui montraient les albums de famille, certaines se sont attardées, avec fierté sur la photo d'un grand-oncle, d'un grand-père ou d'un père exhibant une pièce usinée ou encore participant à une manifestation.

l'installation à Saint-Étienne du centre national de design, illustrent cette convergence dans l'appropriation des valeurs de savoir-faire et d'inventivité entre les acteurs institutionnels, les opérateurs économiques et la population.

> « [...] *le Design n'a pu naître que dans cette région où des générations d'hommes, qui possédaient une parfaite connaissance des matières et des techniques, fabriquèrent et inventèrent des objets qui sont désormais autant de symboles de la France qui travaille : armes blanches, armes à feu, rubans, moulins à café, cycles, ferronnerie, mécanique,* [...] *des domaines qui ont donné à Saint-Étienne cette réputation, toujours actuelle de "Capitale de savoir-faire"!* » (M. Thiollière[107], 2002).

Les conséquences d'un tel regard sur le savoir-faire et l'inventivité du Stéphanois, ainsi que les significations qu'il porte relative à l'histoire d'un labeur difficile et à la mémoire collective des souffrances et des sacrifices de la population ouvrière, sont vraisemblablement à l'origine, sinon d'une reconnaissance et d'une dette morale, du moins de sollicitude et de retenue de la part des acteurs institutionnels, lorsqu'il s'agit d'intervenir dans les quartiers ouvriers. Autrement dit, cette attitude, faite de compassion chez les uns et de culpabilité chez les autres, constitue une sorte de garde-fou face à un urbanisme brutal et autoritaire, une optique présente parmi les acteurs locaux. Le partage des représentations sur le travail et l'inventivité résonne comme un état de grâce dans les rapports entre dominants et dominés. Tout se passe comme si le consensus social autour du travail se voulait être un effacement des antagonismes de classes, un évitement des conflits et un équilibre des passions (R. Muchembled[108], 1998). Là encore, l'histoire des luttes locales acerbes entre ouvriers et patronat et les ambiguïtés qui les caractérisaient, notamment une certaine

---

[107] Michel Thiollière est maire de Saint-Étienne, président de Saint-Étienne Métropole et Sénateur de la Loire (UMP), *in* éditorial de la plaquette *Saint-Étienne Métropole du Design*, éditée à l'occasion de la biennale du design de 2002.

[108] MUCHEMBLED (Robert), 1998, *La Société policée. Politique et politesse en France du XVe au XXe siècle*. Paris, Seuil, coll. L'univers historique, 350 p.

fascination des premiers et le paternalisme du second, pèsent jusqu'à aujourd'hui.

> *« L'argent, si insolent en certaines régions, a ici, des allures modestes qui le font pardonner. Nos millionnaires sont vêtus comme leurs ouvriers et le "bon patron", que l'on pleure à sa mort, n'est pas rare chez nous.»* (M. Fournier[109], 1914).

Les valeurs portées par l'esprit stéphanois, si elles peuvent paraître paradoxales, n'en prennent pas moins des contours spécifiques dès lors qu'elles sont rapportées à la posture sociale et politique des individus. Ainsi, aux tentatives de mettre les ouvriers sur les mêmes positions que le patronat, s'opposent la combativité du Stéphanois dont l'histoire locale est pétrie. La pénibilité et l'insécurité qui ont caractérisé les conditions de vie et de travail de l'ouvrier stéphanois, ont très tôt forgé sa conscience de classe et la violence de ses luttes qui n'avait d'égale que sa situation intolérable. Ces luttes sont inscrites dans la mémoire collective des Stéphanois et plus particulièrement chez ceux issus du milieu ouvrier qui conservent soigneusement les souvenirs d'un passé où surabondent accidents et conflits. Les épisodes les plus sanglants des luttes ouvrières, devenus légende, sont désormais constitutifs de l'identité stéphanoise. Ainsi fut le cas de l'événement de la tragédie du Brûlé[110] dont la célébration du centenaire en 1969 a été significative de sa forte valeur mnémonique et qui, par ailleurs, a inspiré Emile Zola[111] dans Germinal. Ainsi, malgré le fait que

---

[109] Ecrivain, cité par Jules Troccon, pp. 130-131.

[110] *« On connaît les faits et le halo de légende qui les accompagne : la grève des mineurs déclenchée le 10 juin 1869 par la société de secours mutuel "La fraternelle", dont le jeune Michel Rondet fut un des leaders, connut un tragique dénouement. Le 16 juin, dans l'après-midi, au hameau du Brûlé, aux confins de la Ricamarie et de Saint-Étienne, la troupe tira sur des hommes, des femmes et des enfants qui tentaient d'arrêter un convoi de 40 mineurs faits prisonniers que l'on emmenait à Saint-Étienne. »* (D. Mandon, 1976, pp. 85-86).

[111] *« Ce fut une stupeur. Ils avaient tiré, la foule béante restait immobile, sans le croire encore. Mais des cris déchirants s'élevèrent, tandis que le clairon sonnait la cessation du feu. Et il y eut une panique folle, un galop de bétail mitraillé, une fuite éperdue dans la boue... Les coups de feu avaient retenti jusqu'à Paris en un formidable écho. Depuis quatre jours, tous les journaux de l'opposition s'indignaient, étalaient en première page des récits atroces :*

Saint-Étienne n'échappe pas à la tendance générale de désyndicalisation (L. Boltanski[112], E. Chiapello, 1999), les résonances des luttes ouvrières passées continuent à affecter de manière diffuse certaines attitudes syndicales et demeurent présentes dans le subconscient du milieu populaire. Les luttes syndicales actuelles, notamment celles successives à la restructuration du GIAT ou encore celles, plus récentes, sur la retraite, renvoient à cette conscience collective des droits acquis de haute lutte par les anciens. Toutefois, si les sentiments et les réflexes de l'histoire ouvrière peuvent être réanimés à l'occasion de conflits récents, ils n'en sont pas moins érodés par les transformations qui touchent l'ensemble du monde ouvrier.

Le dernier registre de l'esprit stéphanois, qui apparaît souvent sous le vocable d'esprit « Beauseigne », est le plus contradictoire. Il désigne tantôt des caractères valorisants, comme la simplicité, la retenue, l'humilité et la modestie, tantôt des traits péjoratifs tels que le conservatisme, la mesquinerie et la médiocrité. Les conditions de vie difficiles de la majorité des Stéphanois durant le XVIIIe et XIXe siècles auraient, vraisemblablement, été constitutives d'un esprit local caractéristique du manque, propice au sacrifice et à la résignation. En tout cas, les acteurs mettent en avant ces représentations pour souligner le conservatisme des Stéphanois face au nouvel urbanisme, tandis que ces derniers légitiment leur opposition à la folie des grandeurs des élus en s'appuyant sur ce même registre.

En définitif, on peut aisément faire l'hypothèse que les représentations portées par l'esprit stéphanois interfèrent et pèsent sur les logiques sociales de l'urbanisme. Ainsi, parallèlement aux grandes opérations phares d'urbanisme, telles que le GIAT ou Châteaucreux, des initiatives locales originales, dites « actions de proximité », ont été développées avec le souci premier de répondre aux demandes des résidants de plusieurs

---

25 blessés, 14 morts dont deux enfants et trois femmes ; et il y'avait encore des prisonniers... L'empire atteint en pleine chair par ces quelques balles affectait le calme de toute puissance, sans se rendre compte lui même de la gravité de la blessure. » (E. Zola, *Germinal*, p. 411-415).

[112] BOLTANSKI (Luc), CHIAPELLO (Eve), 1999, *Le Nouvel esprit du capitalisme*, Paris, Gallimard, 843 p.

quartiers généralement modestes, d'améliorer leur cadre de vie quotidien.

> *« Dans les quartiers plus traditionnels, des opérations de moindre ampleur mais en grand nombre sont conduites en liaison avec la population pour répondre à des demandes parfois modestes mais jamais anecdotiques et ainsi rehausser progressivement la qualité des espaces publics et des services à la population, en un mot la vie quotidienne, ce qui dans cette ville industrielle a longtemps été perçu comme un luxe. »* (A. Cluzet[113], 2000).

Ces actions sont accompagnées de procédures originales en matière de concertation et de maîtrise d'œuvre. Plus de cent vingt actions d'aménagement ont été réalisées entre 1998 et 2001, dans le centre et la périphérie, pour valoriser des micro-espaces, comme la rue Royet et la place Paul-Painlevé au Crêt de Roc ou encore la place Jean-Moulin dans le centre. L'optique de ces actions, totalement opposée à celle des grandes opérations d'urbanisme, s'appuie sur la demande des habitants, met en œuvre des aménagements minimalistes et mobilise les jeunes créateurs locaux. Les actions dites de proximité semblent plus cohérentes « [...] *avec la mentalité et les valeurs portées par la population stéphanoise qui privilégie l'effort et la modestie plus que les coups d'éclats* »[114]. Elles se sont également distinguées par des formes multiples de concertation dont l'importance semblait décalée par rapport à la taille des opérations et aux pratiques habituelles de la municipalité sur d'autres projets. Il y a là, comme une volonté de recherche d'équilibre de l'urbanisme, entre des opérations où se jouent le renouvellement de la ville et son positionnement dans la concurrence entre les agglomérations, et les actions dites de proximité qui améliorent le quotidien des habitants et semblent ainsi viser une sorte de régulation.

---

[113] CLUZET (Alain) (Directeur général adjoint des services de la Ville), 2000, « Un Projet global », dans *Le Renouveau urbain stéphanois*, plaquette municipale.

[114] CHARBONNEAU (Jean-Paul) (consultant, conseiller technique auprès du Maire), Entretien dans le dossier réalisé en 1998 par G. Davoine et K. Dana, *AMC Architecture Mouvement et Continuité*, n° 91, p. 120.

Conclusion de la première partie

Le concept de gouvernance urbaine traduit-il les mécanismes paradoxaux des territoires ?

L'analyse du système d'acteurs, de leurs représentations, des logiques sociales qui les animent et des actions publiques d'urbanisme finalement initiées, parce qu'elle fait apparaître les traits caractéristiques de la gouvernance selon Le Galès, mérite une relecture à partir de cette notion[115]. En s'écartant des effets de mode de ce terme, sa valeur analytique fournit un cadre conceptuel qui permet de comprendre les processus de transformations des gouvernements des villes. Développée d'abord par les économistes ou la sociologie des organisations, la notion passe, sous l'injonction du contexte de la mondialisation, de la gouvernance de l'économie à la gouvernance des territoires intéressant la sociologie et la science politique. Elle offre ainsi une nouvelle grille de lecture et d'analyse et un nouveau système de référence qui remettent en question une grande partie des présupposés sur lesquels se fonde l'examen de l'administration publique traditionnelle. Les effets de la poussée du marché à travers la mondialisation de l'économie déstabilisent les Etats-nations et entraînent leur affaiblissement ou leur recomposition, et conduisent ainsi à une exigence d'organisation sociale et politique nouvelle qui passe, en Europe notamment, par les villes et les régions.

---

[115] La conclusion s'appuie sur l'article de LAFAYE (Claudette), 2000, « Gouvernance et démocratie : quelles configurations ? », *in* ANDREW (Caroline), CARDINAL, (Linda) (dir.), *Gouvernance et démocratie*, Presses de l'Université d'Ottawa. Cette contribution nous a particulièrement intéressée parce que l'auteur présente une rétrospective des recherches sur la notion de gouvernance et ses rapports à la démocratie. Cette section est également inspirée des travaux de GAUDIN (Jean-Pierre), 1998, « La Gouvernance moderne, hier et aujourd'hui : quelques éclairages à partir des politiques publiques françaises », *Revue internationale des sciences sociales, La Gouvernance*, n° 155, mars 1998, ainsi que ceux de LE GALES (Patrick), 1995.

La mondialisation économique suppose l'accroissement de la mobilité du capital et son affranchissement de toutes contraintes spatiales. Paradoxalement, cet affranchissement va de pair avec une sensibilité accrue au territoire, notamment aux villes en tant que lieux potentiels d'investissement et de vie. En Europe, par exemple, le capitalisme prend alors l'avantage sur les Etats pour se réorganiser en engageant la désindustrialisation de villes et de régions (Liverpool, Bradford, Glasgow, Sheffield), alors qu'ailleurs il promeut un nouveau développement industriel (Modena, Vincenza). La plupart des villes européennes doivent alors faire face aux processus d'exclusion sociale de populations directement touchées par la désindustrialisation et le chômage de masse. En France, les villes moyennes comme Saint-Étienne, Clermont-Ferrand, Roanne, etc. font partie des territoires en prise directe avec cette dynamique et, sans les atouts des grandes agglomérations comme Lille ou Lyon, elles ont eu à gérer la désindustrialisation et une reconversion économique laborieuse. Dans ce contexte de mondialisation qui affecte particulièrement les régions et les villes, ces dernières, en tant que coalitions gouvernantes, tentent plus ou moins de se situer dans le cadre d'une certaine concurrence pour attirer les investissements publics, les cadres, les entreprises et les services.

A l'instar des Etats nationaux, les élus locaux se sont inscrits dans des logiques de compétition économique tout en se mobilisant pour limiter les effets de la pauvreté et de l'exclusion, ce qui peut conduire aussi à des logiques contradictoires, voire opposées. La gouvernance va se confronter alors à deux tendances principales. En forçant le trait, chaque mode de gouvernance traduit en fait une approche idéologique. La première, « économiciste », se caractérise par sa focalisation sur l'extension du marché capitaliste, ainsi que le montrent, dans une certaine mesure, les villes américaines et certaines villes britanniques comme Birmingham, Leeds et Manchester, qui privilégient le développement économique en se préoccupant peu de l'exclusion sociale générée par les restructurations. La seconde approche inscrit la gouvernance dans une perspective de démocratisation du fonctionnement des institutions et de mobilisation civique des citoyens, comme c'est le cas à Hambourg, Barcelone, Helsinki, Copenhague, Lille ou Rennes, qui tentent de concilier le développement économique et le maintien de la cohésion sociale en protégeant les populations des réorganisations en cours. Ainsi, suivant les choix idéologiques qu'elle recouvre, la gouvernance consiste à réformer les institutions politiques pour limiter les entraves au bon fonctionnement du marché (conception dominante dans le champ des relations internationales), ou au contraire à renforcer les mécanismes de régulation pour lutter contre les effets du libéralisme et en particulier contre la désaffiliation sociale (R. Castel[116], 1995) (conception dominante en matière de gouvernance urbaine). C'est sans doute, l'oscillation de la gouvernance entre ces choix idéologiques qui est à l'origine de logiques contradictoires au sein de l'action publique locale. Ce qui laisse supposer que le jeu n'est pas figé et que le mode de gouvernance peut évoluer pour finalement s'affirmer peu ou prou dans l'une ou l'autre perspective. Par ailleurs, les spécificités d'un territoire, son historicité et les représentations qui l'animent, pèsent dans les choix idéologiques que peut prendre le mode de gouvernance.

Le nouveau contexte enclenche d'importantes mutations au sein du gouvernement local, qui passe de deux acteurs à une pluralité d'acteurs et évolue dans ses formes de régulation sociale.

> *« Le rôle surplombant de contrôle et de commandement, centré sur une construction institutionnelle est remis en cause au profit d'une approche plurale et interactive du pouvoir. »* (J.-P. Gaudin, 1998).

Les analyses de ces différentes mutations par différents auteurs[117] se recoupent pour souligner le renforcement du

[116] CASTEL (Robert), 1995, *Les Métamorphoses de la question sociale. Une chronique du salariat*, Paris, Fayard, coll. « L'espace du politique », 813 p.
[117] DONZELOT (Jacques), ESTEBE (Philippe), 1994, *L'Etat animateur. Essai sur la politique de la ville*, Paris, Esprit, 238 p. ; DUBOIS (Jérôme), 1996, « Le Partenariat ou la difficile construction des règles du jeu entre partenaires aux statuts multiples », *Négociations, Pôle Sud*, n° 4, pp. 45-64 ; LORRAIN (Dominique), 1995, « La Grande entreprise urbaine et l'action publique », *Sociologie du travail*, n° 2, pp. 199-220 ; THIEBAULT (Jean-Louis), 1997, « La Négociation dans la politique de la ville », *in* MARCOU G., RANGEON F., THIEBAULT J.-L. (dir.), *La Coopération contractuelle et le gouvernement de villes*, Paris, L'Harmattan, pp. 213-236 ; SEGAUD

pouvoir d'agglomération, la multiplication des formes de partenariat impliquant des acteurs publics et privés, la privatisation des services urbains, le développement du secteur para-municipal, la priorité au développement économique avec la concurrence entre les villes, le changement du rôle de l'Etat avec la contractualisation, et enfin l'ouverture européenne. La notion de gouvernance, selon Le Galès, rend compte en particulier de la complexification croissante de l'action publique, de sa fragmentation, de son incohérence, de son bricolage, de son impuissance et de sa privatisation. La gouvernance implique par ailleurs une tendance à la mobilisation de l'ensemble des acteurs, ce qui suppose une plus grande flexibilité dans l'organisation et l'action, une transformation des formes de la démocratie locale et des modalités de coordination verticale et horizontale de l'action publique et enfin une diversité des processus de coopération. L'interdépendance entre les différents niveaux d'acteurs, l'articulation entre plusieurs échelles territoriales, la multiplication des réseaux et le déplacement des barrières entre acteur public et acteur privé, rendent obsolètes les repères traditionnels qui caractérisaient le gouvernement local.

L'analyse de la gouvernance attire, par ailleurs, l'attention sur le déplacement des responsabilités de l'Etat, de la société civile et des forces du marché lorsque de nouveaux acteurs sont associés au processus de décision, et sur le déplacement des frontières entre le secteur privé et le secteur public. Ce processus peut, en effet, diluer les responsabilités et les rendre moins identifiables. D'autre part, l'interdépendance des pouvoirs associés à l'action collective peut être source d'incertitudes et d'aléas. Par conséquent, la complexification et la fragmentation de l'action publique peuvent induire moins de lisibilité des centres de décisions, avec le risque d'une désaffection croissante des citoyens et ainsi d'une fragilité plus importante de la démocratie représentative. Paradoxalement, le phénomène de fragmentation/élargissement des acteurs de la

(Marion), RATOUIS (Olivier), 1997, « Dunkerque : d'Usinor à Neptune, aspects sociologiques d'un laboratoire urbanistique », *in Qui fait la ville aujourd'hui ? Intervention publique dans les processus de production urbaine*, Paris, Publication du Plan Urbain, 23 p.

décision est également un processus qui rend visible aux yeux de l'opinion les divergences entre acteurs, divergences dont peut se saisir la société civile pour peser sur l'action publique. La gestion des affaires publiques repose alors sur un processus d'interaction/négociation qui joue entre intervenants hétérogènes et sur les conditions de leur coopération.

Le passage du gouvernement urbain à la gouvernance urbaine devrait aller de pair avec une transformation de l'action publique, analysée comme une forme d'action collective. Cependant, si des changements apparaissent dans les modalités de mise en œuvre des projets collectifs, ils n'en demeure pas moins une inertie quant à certaines démarches, ainsi que l'illustre le domaine de l'urbanisme. La réédition d'approches anciennes, certes dans un contexte différent, nous invite à nous interroger sur les capacités d'innovation et de réajustement de l'urbanisme et plus généralement de l'action locale. Les limites ou les paradoxes des mutations qui affectent les gouvernements locaux obligent à passer d'une conception restrictive de la gouvernance à une autre acception plus large, appréhendée au-delà de ses aspects instrumentaux. Autrement dit, derrière la transformation des manières de faire, se profile la question des luttes de pouvoir et de la légitimité de ceux qui sont associés au processus de décision, ainsi que celle de sa démocratisation. Dans tous les cas, l'analyse de la gouvernance ne peut pas faire l'impasse sur la question démocratique.

L'ORGANISATION SOCIALE

A L'EPREUVE DES ACTEURS

Afin d'éviter les écueils de la pensée substantialiste des lieux, l'analyse des rapports entre production et usage de l'espace doit nécessairement être synchronique de celle des rapports entre les structures de l'espace social et les structures de l'espace physique (P. Bourdieu, 1993, p. 250). Dans cette optique, la partie suivante porte sur les formes de confrontation de l'organisation sociale à *l'espace abstrait des concepteurs* (H. Lefebvre[118], 2000), à deux moments cruciaux du projet. Le temps laborieux et conflictuel du processus qui permet l'émergence d'un projet ayant plus ou moins l'assentiment des protagonistes et celui de sa réalisation et des hiatus qu'elle fait apparaître. Ce n'est pas tout de construire un projet consensuel, encore faut-il qu'il se traduise dans les aménagements effectivement réalisés.

Les maîtres d'œuvre (architectes, paysagistes et ingénieurs) peuvent parfaitement s'écarter de la cohérence d'ensemble définie par le projet d'aménagement global – même s'il a été l'objet d'un laborieux consensus – pour finalement répercuter dans leurs réalisations les logiques des maîtres d'ouvrage et projeter leurs propres représentations sur l'espace. Dès lors, se manifestent l'autonomie et le pouvoir des concepteurs ainsi que la violence symbolique de leurs œuvres. Mais, en dernier lieu, les phénomènes d'appropriation des individus concluent pour ainsi dire l'épreuve de l'espace (H. Lefebvre, 2000) et reconfigurent à leur manière le rapport entre structures de l'organisation sociale et celles de l'espace physique. Cette recomposition sociale de l'espace fait alors apparaître aussi bien les contradictions de l'espace produit avec l'esprit du projet consensuel, que ses décalages avec les attentes des habitants.

La démonstration s'appuiera tout particulièrement sur l'opération urbaine menée entre 1997 et 2000 à Bellevue, un ancien faubourg ouvrier au sud-ouest du centre stéphanois. Toutefois, malgré les hiatus que révèle l'espace produit, nous pouvons considérer que les opérations urbaines semblables à celle de Bellevue, ne contrarient pas substantiellement l'organisation sociale. Il s'agit en fait d'une opération qui a

---

118 LEFEBVRE (Henri), 2000 (1re éd. 1974), *La Production de l'espace*, Paris, Anthropos, coll. « Ethnosociologie », 485 p.

réussi à préserver l'élément essentiel auquel est parvenu le consensus : un caractère « soft » qui privilégie les actions de valorisation de l'espace public et d'équipement, en écartant l'option de transformations radicales qui, quant à elle, aurait eu raison de l'inertie des structures de l'espace social.

> *« Une part de l'inertie des structures de l'espace social résulte du fait qu'elles sont inscrites dans l'espace physique et qu'elles ne pourraient être modifiées qu'au prix d'un travail de transplantation, d'un déménagement des choses et d'un déracinement ou d'une déportation des personnes, qui supposeraient eux-mêmes des transformations sociales extrêmement difficiles et coûteuses. »* (P. Bourdieu, 1993, p. 252).

L'inertie des structures de l'espace social et le caractère « soft » de l'urbanisme se conjuguent et sont, sans doute, à l'origine d'un sentiment de valorisation chez les individus, valorisation symétrique de celle opérée par l'aménagement sur leur espace quotidien. Un sentiment qui ne les empêche pas, par ailleurs, de révéler, à travers leurs modalités d'appropriation, les contradictions de l'espace physique.

> *« Plus généralement, les sourdes injonctions et les rappels à l'ordre silencieux des structures de l'espace physique approprié sont une des médiations à travers lesquelles les structures sociales se convertissent progressivement en structures mentales et en système de préférences. »* (P. Bourdieu, 1993, p. 255).

I. LE PROJET : UN CONSENSUS LABORIEUX

Lorsqu'un consensus se construit autour d'un projet urbain, il relève vraisemblablement de la sensibilité des acteurs institutionnels à l'expression des habitants. Reste à décoder le sens de cette sensibilité qui n'est étrangère ni aux représentations des acteurs, ni aux modes actuels de la gouvernance locale. Les conditions de la concertation organisée à l'occasion d'une opération urbaine et, finalement, son impact sur la définition du projet, sont particulièrement significatifs du jeu des acteurs, traversés les uns comme les autres par des représentations qui peuvent s'avérer contradictoires. Dès lors, pour éviter le conflit, considéré comme un facteur qui affecte le territoire d'une image négative, les acteurs vont s'évertuer à trouver des formes de compromis afin d'atteindre un consensus. La compréhension de ces pratiques requière l'analyse rigoureuse de la confrontation entre les élus et les représentants des usagers autour du projet urbain et de la façon dont cette confrontation s'achemine vers la formulation consensuelle du projet. A ce moment-là, apparaissent les paradoxes des dispositifs participatifs et ce qu'ils reflètent comme compromis entre la préservation de la légitimité des autorités politiques et les exigences du management territorial.

L'exemple stéphanois porte sur l'interaction des acteurs et ses effets à l'occasion de l'aménagement du quartier de Bellevue. Les réalisations sur ce site s'avèrent être, en effet, une interprétation du renouvellement urbain différente de celle envisagée pour les sites du GIAT et de Châteaucreux. L'opération initiée à Bellevue, n'a en tout cas pas remis en cause le quartier en tant que lieu socialement partagé, contrairement à celles des sites du GIAT et de Châteaucreux dont l'optique est de configurer un lieu pour l'entre soi des cadres. L'opération d'aménagement de Bellevue apparaît ainsi comme l'opposé des interventions urbaines destinées à créer des centres quaternaires et, une illustration pertinente d'une interaction conflictuelle des acteurs institutionnels et associatifs qui, en fin de compte, s'est avérée productive.

Fig. 2 – Bellevue, situation urbaine

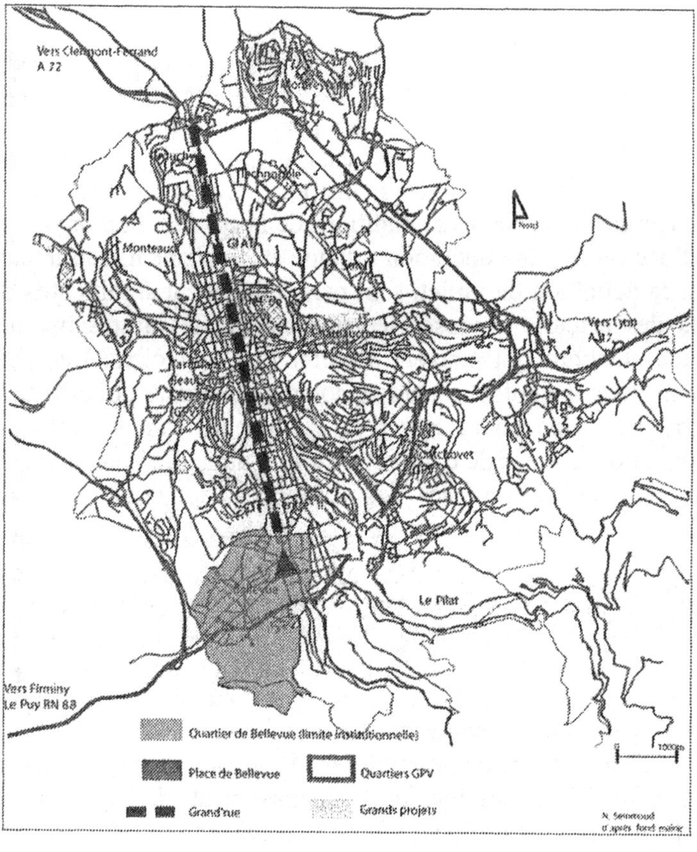

1. Face-à-face entre élus et représentants des habitants

Si les formes multiples de concertation[119], organisées autour de l'aménagement de Bellevue, ont permis peu ou prou l'expression de nombreux habitants, ce sont particulièrement

[119] Concertation préalable pour la modification du POS, enquêtes publiques, réunions publiques, visites et permanences des élus dans le quartier…

l'association des commerçants et le comité des quartiers du sud-ouest qui ont monopolisé les échanges. Du reste, c'est le comité qui a, sans doute, le plus pesé en faveur du consensus dont est issu le projet réalisé. Cette structure dont l'apparition coïncide avec le projet de délocalisation du centre de maintenance de la STAS[120], en 1991, est loin d'être le fait d'une génération spontanée. Les initiateurs et l'encadrement sont issus du réseau associatif stéphanois, encore caractérisé par ses traditions, par sa densité, par sa nature contestataire et par ses multiples connexions[121], notamment dans les quartiers anciens qui, selon Daniel Mandon (1976, p. 65), ont longtemps constitué une véritable société d'interconnaissance favorisant la vie des associations. Dès l'annonce du départ de la STAS, le comité de Bellevue a revendiqué sa participation aux débats sur l'orientation du projet. L'historique du face-à-face entre les acteurs institutionnels et le comité, relaté par son président[122], témoigne des méandres de la décision politique et des difficultés de l'association à négocier sa place dans cette décision.

Le premier temps de la confrontation entre élus et comité de quartier est enclenché lorsque la municipalité consulte l'architecte Ricardo Bofill pour formaliser un projet immobilier important. L'architecte, envisage alors une place Bellevue enserrée entre deux grands édifices en forme de proue de navire. Ce projet soulève un tel tollé[123] que l'adjoint à l'urbanisme[124] de l'époque s'empresse de déclarer dans la presse

---

[120] Société de Transports de l'Agglomération Stéphanoise.

[121] Le comité de quartier appartient à l'Association des Usagers du Grand Saint-Étienne, une structure fédérative qui coordonne l'action des comités de quartier, des associations, des maisons de quartier, des centres sociaux, des groupes laïques et des paroisses. Cette structure a fait parvenir à la municipalité une *Charte de la citoyenneté communale* (9 mars 1995) où les associations signataires demandent à être reconnues comme interlocutrices privilégiées dans le dialogue entre habitants et élus.

[122] Marc Véricelle (professeur de droit à l'Université Jean Monet) a été président du comité jusqu'à la fin de l'année 2002.

[123] Articles de presse, délégations à la mairie, nombreuses correspondances, etc., notamment de la part du comité de quartier.

[124] M. Thiollière, actuellement maire de Saint-Étienne, président de la communauté d'agglomération et sénateur (UMP).

locale que rien n'est encore décidé, que les habitants auront leur mot à dire et que la concertation sera la plus large possible. Fort de ce premier acquis, le comité de quartier sollicite

Fig. 3 – Le projet Boffil

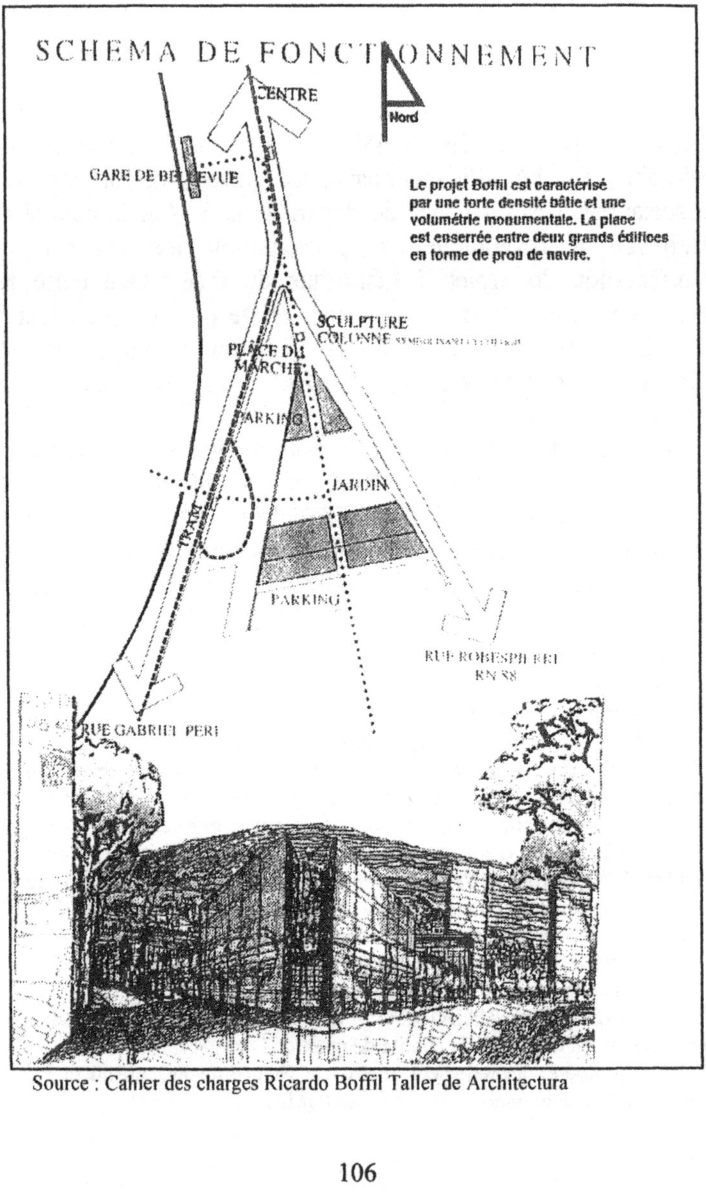

Source : Cahier des charges Ricardo Boffil Taller de Architectura

l'avis des habitants, en lançant une large consultation par le biais d'un questionnaire[125] où les résidants sont invités à classer, par ordre de préférence, les options d'aménagement suivantes : parc de verdure, grand monument, immeubles résidentiels, équipement collectif et grand parking.

L'option du parc de verdure est en tête avec 93 % d'avis favorables, ensuite vient celle de l'équipement collectif avec 81 %, le parking avec 73 %, les immeubles résidentiels avec 31 % et enfin le grand monument avec seulement 23%. Ce sondage fait apparaître, par ailleurs, le rejet du projet Bofill par 87 % des personnes ayant répondu au questionnaire et le souhait de maintenir le marché par 98 % d'entre-elles. Outre que cette consultation a eu le mérite de solliciter plus directement les habitants, elle a permis au comité de mieux définir son contre-projet qui, dès lors, a évolué de l'idée d'un véritable parc urbain à celle d'une sorte de parc paysager où s'inscriraient équipement et transports en commun. Les résultats de cette consultation sont portés, par le comité, à la connaissance du maire en 1993 qui donne l'assurance de leur prise en compte dans le projet. La confrontation entre les deux protagonistes s'est soldée par la remise en cause du projet officiel dans sa première formulation et s'est distinguée par la stratégie de groupe de pression du comité qui a légitimé sa position en sollicitant les résidants par le biais d'un sondage. Une démarche qui pose question : vise-t-elle l'émanation démocratique du projet ou est-elle simplement une forme de légitimation de la représentativité du comité dans un contexte de confrontation ?

Une année plus tard, les élus reprennent l'idée unilatérale d'un grand projet immobilier qu'ils accompagnent, selon le comité, d'un simulacre de participation. Face à la pugnacité du comité qui rejoue le groupe de pression et devant les exigences de l'échéance électorale, les élus abandonnent définitivement l'idée d'un projet immobilier. Après les élections municipales qui ont maintenu la majorité en place, le face-à-face élus/association devient de plus en plus chaotique et conflictuel. Le conseil municipal adopte finalement en 1997 un projet centré sur l'équipement hospitalier et la

[125] Sur 7 000 questionnaires diffusés, 577 réponses ont été enregistrées.

valorisation/modernisation de l'espace public du quartier. Mais, le comité s'estimant écarté de la décision intente un recours au tribunal administratif et demande l'annulation de la délibération pour non-respect par la municipalité de la concertation préalable. C'est quasiment en réponse à cette accusation que la municipalité adresse aux habitants, par le biais du bulletin municipal, un questionnaire sur leurs attentes. Excédé, le comité organise, à son tour, un repas de quartier avec l'ensemble des associations et diffuse huit mille questionnaires, cette fois sur le projet municipal ! Ce deuxième temps de la confrontation appelle essentiellement deux remarques qui sont autant de pistes de réflexion sur la question de la participation. La première souligne que le conflit est moins lié à l'inadéquation entre la demande[126] du comité et le projet officiel qu'à son éviction de l'espace de concertation. La seconde remarque porte sur cette concurrence entre le comité et la municipalité dans la sollicitation des habitants, qui apparaît moins comme une volonté d'élargir la participation qu'une lutte pour faire valoir leurs légitimités respectives. La pratique du sondage de la part de la municipalité semble être à la fois une mise en cause tacite de la représentativité du comité et une volonté d'interpellation directe des résidants, sans la médiation de l'association.

Après l'adoption officielle du projet, le comité a cherché à maintenir sa présence dans l'espace de concertation et a tenté désespérément d'imposer des modifications jusqu'à l'achèvement du chantier. Le renouvellement d'une partie de l'encadrement du comité, à ce moment-là, témoigne de l'essoufflement de ceux qui ont mené les luttes pour imposer l'espace de concertation. En tout cas, le comité se veut être aujourd'hui plutôt une force de proposition qu'un groupe de pression. Bien qu'il continue à déplorer l'absence de réelle négociation avec les décideurs, il s'inscrit, tout compte fait, dans une démarche de compromis pour préserver sa place dans les

[126] Le contre-projet du comité est un parc paysager dans lequel il propose d'intégrer le pôle d'échanges, tandis que le projet officiel intègre la clinique et individualise le jardin en le séparant de l'espace dédié aux transports collectifs. Par ailleurs, afin d'éviter une forte densité de circulation dans le quartier, le comité avait proposé d'implanter la clinique sur les emprises d'anciennes friches non attenantes à la place.

dispositifs participatifs. Le feuilleton du face-à-face entre les élus et le comité de quartier, qui a été long[127] et conflictuel, soulève le problème de la place d'une association de quartier dans la co-production du projet urbain et des modalités de gestion de sa représentativité et de son rôle de médiation. Il est clair que le comité de quartier a incontestablement contribué à infléchir les premières formulations du projet municipal, notamment à abandonner le gigantisme du projet Bofill ou l'option de densification du site par la construction de 800 logements, des projets qui auraient, somme toute, complètement transformé le quartier. A cet égard, le comité de quartier a participé pour ainsi dire à une orientation plus « soft » du projet municipal mais il a, sans doute, également pesé dans la multiplication des initiatives de communication et de concertation qui ont fini par devenir une véritable entreprise de légitimation de l'action publique. Reste à savoir, si l'impact de l'association est lié plus à la conjoncture électorale[128] stéphanoise qu'à la quête institutionnelle, largement partagée, de compromis, de consensus ou d'équilibre des passions nécessaires au management territorial ?

A l'instar de nombreuses associations sur le cadre de vie, le comité de quartier est animé par des hommes et des femmes issus de couches moyennes[129], qui affichent toutefois des positions diverses traduisant souvent leur propre trajectoire sociale. Dans son discours, confusément mêlé de populisme, de paternalisme et de volonté de représentativité, le comité revendique, à la fois, le maintien du caractère populaire du quartier et l'attraction de catégories sociales aisées. Toutes choses égales par ailleurs, la comparaison avec les pratiques associatives des villes de même taille met en évidence de vraies

---

[127] Cette situation conflictuelle a duré plus de cinq années.

[128] Les élections municipales ont eu lieu en 2000, quasiment à la fin du chantier.

[129] Si la sociographie de l'encadrement du comité apparaît diverse, elle n'en reflète pas moins des rôles distincts où les éléments représentatifs des couches moyennes sont au premier plan. L'encadrement est constitué par un professeur de droit, un ingénieur d'études de géographie, un inspecteur de police à la retraite, une éducatrice spécialisée de l'enfance handicapée, une femme de ménage à l'Evêché et un professeur de catéchisme.

logiques sociales au sein de ces structures, investies généralement par les couches moyennes. Par exemple, l'association des commerçants du centre de Clermont-Ferrand est restée longtemps partagée sur le projet du tramway[130], entre ceux qui le considèrent comme un moyen de déverser sur la ville les hordes de jeunes des quartiers HLM, une menace sur leur commerce, et ceux qui estiment que les retombées de cet afflux seront au contraire positives pour leurs affaires. Ces positionnements relatifs, quant au fond, à la question du partage de l'espace public reflètent à la fois les représentations diverses des couches moyennes et le rôle de lobbying des structures associatives qui peuvent peser dans les processus de ségrégation ou d'agrégation sociales. Une autre illustration plus probante des stratégies d'entre soi des couches moyennes est celle du rôle joué par l'association[131] du lotissement pavillonnaire de La Mourette à Beaumont[132] qui s'oppose à l'implantation de logements sociaux. Les animateurs de cette structure, essentiellement des cadres, considèrent leur habitat et leur lieu résidentiel comme l'aboutissement de leurs stratégies d'ascension et de distinction sociales, déployées depuis des années. Ils évoquent alors la dévalorisation de leur patrimoine par la réalisation de logements sociaux à proximité, comme la raison essentielle de leur opposition à un tel projet.

Parallèlement à ces stratégies d'entre soi, d'autres associations investies par les couches moyennes développent au contraire des pratiques qui tendent vers le partage de l'espace. Ainsi, l'attitude du comité de quartier de Bellevue est proche de celle de la RVL[133] qui

---

[130] Le tramway clermontois doit relier au centre, les quartiers HLM du nord de la ville.

[131] Association HBE : *« Habiter à Beaumont Est »*.

[132] Commune, située au Sud-Est de Clermont-Ferrand, appartenant à la communauté d'agglomération clermontoise.

[133] La RVL (Renaissance du Vieux Lyon) a été créée en 1946 pour s'opposer aux velléités destructrices liées aux préoccupations hygiénistes de l'époque. A ce titre, la RVL est un précurseur du mouvement de sauvegarde et sa mobilisation va conduire à l'inscription du Vieux Lyon, en tant que premier site d'application de la loi Malraux, et plus récemment au classement UNESCO d'une partie importante du centre lyonnais. La sociographie de la RVL a toujours été caractérisée par la présence importante de couches moyennes supérieures.

revendique le maintien de la mixité sociale dans les quartiers du Vieux Lyon. La RVL, dans une plaquette récente[134] qui présente ses propositions pour le quartier Saint-Georges, *« réaffirme son attachement au maintien de la fonction sociale du parc de logements réhabilité et tient la mixité sociale pour un élément central du patrimoine vivant. »*. Dans cette optique, elle propose la mise en œuvre de deux à trois opérations de HLM dans le quartier Saint-Georges. Dans le cas lyonnais comme à Bellevue, la position des associations sur la mixité sociale relève vraisemblablement de la quête du village, une mythologie sécurisante sur laquelle nous reviendrons plus longuement dans la troisième partie. Il reste que la question de la représentativité de ces associations est toujours posée, si la RVL et le comité de Bellevue optent franchement pour la diversité sociale, la population de ces sites respectifs n'est sans doute pas unanime derrière ces structures. L'hypothèse est également valable pour l'association de La Mourette où de nombreux habitants se sont démarqués du discours associatif sur la question du logement social.

Les passages monographiques qui précèdent recoupent d'autres situations observées dans des villes de même taille et rendent compte des paradoxes de la participation et des difficultés à la démocratiser. Selon le contexte, la volonté de faire avec les habitants affichée chez les élus peut faire l'objet de plusieurs lectures dont les plus pertinentes nous semblent être, d'une part, la dimension idéologique non négligeable des mentalités locales et, d'autre part, la question du management territorial. On retrouve, en effet, dans le discours de certains élus sur la participation, le regard bienveillant et paternaliste des couches moyennes sur le milieu populaire. La concertation est alors envisagée comme une forme d'apprentissage pour élever le niveau d'exigence, jugé modeste et terre à terre. Les vertus pédagogiques de la participation (M. Amzert[135], F. Chignier-Riboulon, 2003) visent aussi une large adhésion au projet.

---

[134] 20 novembre 2001.

[135] AMZERT (Malika), CHIGNIER-RIBOULON (Franck), 2003, « Coproduction de l'urbain et réification des figures de la concertation ? Le PDU et tramway de l'agglomération lyonnaise (1995-2001) », *Espaces et Société*, n°112, pp. 101-118.

Souvent, les conditions de la participation témoignent moins de la volonté des institutions de respecter les procédures que celle d'éviter toute situation conflictuelle qui nuirait à l'image de leur territoire. La concertation préalable au projet, par exemple, est souvent utilisée comme ballon d'essai pour mesurer l'accueil de certaines actions par la population. Organisée selon des formes diverses par les élus, la participation est conçue alors comme une norme du management territorial dont l'une des finalités première est d'éviter les conflits. Ainsi que le souligne justement Malika Amzert (2001, p. 12), cette logique de gestion territoriale n'est pas sans rappeler le modèle d'équilibre des passions développé par Robert Muchembled (1998) pour analyser la société policée des XVIe et XVIIe siècles. Un modèle qui semble réapparaître en tant que règles d'unicité interne, de code commun utilisable pour dépasser les contradictions intenses dans l'espace social et l'univers politique. Selon l'auteur, au XVIIe siècle, l'espace public ne pouvait exister sans cette manière de cacher ce que l'on pensait vraiment sous l'apparence d'une urbanité polie. Or cette duplicité n'est autre que la forme achevée du refoulement des passions nécessaire au contrôle par les élites dirigeantes d'un théâtre qui contribue à harmoniser les apparences de la domination sociale en proposant un modèle unifié de politesse. Le modèle d'équilibre des passions se recoupe aujourd'hui avec la recherche « du politiquement correct » et de l'évitement des conflits par les acteurs qui inscrivent résolument la participation au sein d'un processus de management territorial continuellement en quête de consensus. Autrement dit, il s'agit de prévenir les conflits en les neutralisant, voire de maîtriser la contestation ou la revendication sociale en les contrôlant. Une démarche qui s'éloigne d'autant plus d'une démocratisation de la participation qu'elle s'inscrit dans une recherche de compromis entre les intérêts et le souci de préservation de soi des autorités politiques, et les éventuelles demandes de l'opinion (L. Blondiaux[136], S. Lévèque, 1999, p. 70), si tant est qu'elle s'exprime.

---

[136] BLONDIAUX (Loïc), LEVEQUE (Sandrine), 1999, « La Politique locale à l'épreuve de la démocratie. Les formes paradoxales de la démocratie

Les figures de la participation n'étant pas figées, la confrontation entre les différents protagonistes va permettre d'en ajuster le contenu et de le faire évoluer, en même temps que cette interaction entre acteurs va être à l'origine de réajustements dans leurs stratégies et dans les formes de consensus. Quels que soient les tiraillements du côté institutionnel, entre les tenants d'une participation strictement procédurale dont le souci est de préserver le pouvoir et ceux qui cherchent à la démocratiser pour cogérer la ville, c'est en définitive les conditions du débat public qui fera peser la balance dans un sens ou dans un autre. Toutefois, il semble que l'objectif fonctionnel de la participation visant l'amélioration de la gestion par la proximité, l'écoute des habitants et/ou le recours à leurs savoir-faire et leurs compétences d'usagers (M.-H. Bacqué, 2003, p. 196) soit prédominant. Pour les élus, il s'agit en fait de faire remonter les informations qui doivent les aider à prendre les décisions appropriées, décisions qui ne sauraient être partagées. En tout cas, la participation tend de plus en plus à s'inscrire dans le fonctionnement des institutions comme une nouvelle forme de gestion des territoires. Malika Amzert (2001, p. 12) souligne que, dans un contexte de gestion décentralisée du chômage de masse, le couple participation/territoire permet d'inventer de nouvelles formes sociales d'intégration. La participation devient ainsi une pièce maîtresse du développement local qui exige, d'une part, que le problème de la mobilisation des acteurs soit résolu positivement dans la durée et, d'autre part, que le retour de la société civile sur la scène sociale permette de tenir à distance l'Etat et ses appareils.

Dans le contexte de ces stratégies, les structures associatives se sont imposées comme un interlocuteur dans la médiation entre les élus et les usagers. Selon les conditions de la concertation, elles s'inscrivent dans une sorte de jeu raisonné entre opposition et partenariat. Tantôt elles jouent le rôle de groupe de pression et de contre-pouvoir et mettent en avant des contre-projets, tantôt elles sont une force de propositions et un partenaire du management. En fin de compte, la tendance qui se dessine vise autant à se

---

participative dans le XXe arrondissement de Paris », *in* NEVEU (Catherine) (dir.), *Espace public et logique de la citoyenneté locale*, Paris, L'Harmattan, pp. 17-82.

maintenir dans l'espace de la participation qu'à faire prévaloir son rôle de partenaire sur celui d'opposant. Ainsi, les conditions de la concertation participent à définir les compromis qui dénouent les divergences internes aux acteurs institutionnels d'un côté, et associatifs de l'autre et finissent par peser sur le rapport de forces local. Dans cette même dynamique, le face-à-face conflictuel entre élus et structures associatives peut conduire ces dernières à sortir du huis clos, pour se tourner vers les habitants et solliciter plus largement leurs avis. Finalement, c'est vraisemblablement une participation faite de conflits générés par des contre-projets et une sollicitation plus large des habitants qui peuvent infléchir le projet institutionnel initial pour lui conférer un caractère édulcoré.

2. La démocratisation de l'urbanisme : une utopie ?

Si la participation apparaît bien comme une véritable volonté chez les élus, elle n'en porte pas moins des objectifs et des significations qui lui donnent des contenus tantôt minimalistes, tantôt plus résolus (M.-H. Bacqué[137], 2003). La nécessité de consensus pour gérer le territoire d'un côté, et la menace que fait peser l'absentéisme sur la démocratie représentative de l'autre, sont vraisemblablement à l'origine des oscillations chez les élus entre une participation instrumentale et la volonté d'élargir le débat public. Les pesanteurs liées à ces tergiversations donnent un contenu mouvant et paradoxal à la participation et, en fin de compte, réduisent les possibilités d'élargir le débat et hypothèquent du même coup les perspectives de démocratiser de l'urbanisme.

> *« La participation est paradoxale parce qu'elle est prise en tension entre une "démocratie pragmatique" (la logique gestionnaire de l'efficience productive) et une "démocratie citoyenne" (la logique*

[137] BACQUE (Marie-Hélène), 2003, *Les Nouvelles figures des quartiers populaires. Politiques et représentations. Une approche comparative France/Etats-Unis*, habilitation à diriger des recherches, soutenue à l'Institut d'Urbanisme de Paris, Université Paris XII, 248 p.

d'élargissement du débat public). » (M. Blanc[138], A. Lévy, 2003, p. 17).

Selon le contexte, la nature du projet, les catégories sociales concernées et surtout l'action collective des habitants et des associations, la participation affichera des contenus différents variant de la simple information à une démarche qui sollicite directement et largement les habitants. Les typologies de la participation établies par des chercheurs[139] à différents moments se recoupent pour faire apparaître quatre formes de participation récurrentes : la participation–information, la participation–consultation, la participation–animation et la participation directe. Selon Stéphane Dion[140] (1984), la participation–information se réduit à des réunions d'information générale autour d'un projet, avec un jeu de questions-réponses entre les habitants et les responsables, sans véritable échange. Dans la participation–consultation, les responsables se contentent de recueillir les avis en se réservant le droit d'en tenir compte ou non. Ces deux types de participation, qui correspondent à la version minimaliste, définie par Marie-Hélène Bacqué (2003), mettent l'accent :

> *« [...] sur la consultation des citoyens où l'action politico-administrative est tenue de sonder les aspirations des habitants et usagers, avant ou parallèlement à la prise de décision – celle-ci restant l'apanage exclusif des institutions auxquelles il revient d'interpréter ce matériau plus ou moins brut et de décider des suites à lui donner.* » (M.-H. Bacqué, 2003, p. 196).

Dans certaines situations[141], le décalage entre les formes informatives ou consultatives des premières rencontres avec les

---

138 BLANC (Maurice), LEVY (Albert), 2003, « Editorial », *in* BLANC (Maurice), LEVY (Albert) (dir.), *Ville et Démocratie, Espaces et Sociétés*, n° 112, Paris, L'Harmattan, pp. 13-21.

139 BACQUE (Marie-Hélène), 2003 ; BLANC (Maurice), 1999 ; DION (Stéphane), 1984, « Les Politiques municipales de concertation : néo-corporatisme et démocratie », *Sociologie du travail*, vol. 26, n° 2.

140 DION (Stéphane), 1984, « Les Politiques municipales de concertation : néo-corporatisme et démocratie », *Sociologie du travail*, vol. 26, n° 2, pp. 121-140.

141 Par exemple le cas stéphanois, relaté au début de ce chapitre.

élus et les attentes des habitants peut radicaliser leur position et conduire ainsi à des modalités de participation plus déterminées. Lorsque le stade de l'information ou de la consultation est dépassé, on repère alors, soit la participation–animation qui s'organise grâce à la délégation de responsabilités aux citoyens dans le cadre du mouvement associatif et des équipements socioculturels et sportifs du quartier, soit la participation directe des habitants, reconnus comme des partenaires à part entière dans le développement du quartier. Bien entendu, ce dernier niveau de la participation, lorsqu'il n'est pas totalement inexistant, constitue des tentatives expérimentales isolées qui n'aboutissent pas, car la décision reste l'apanage exclusif des institutions. En fin de compte, la participation est généralement privilégiée dans ses formes informatives et consultatives, mais, parfois sous l'effet de conditions politiques locales stimulantes, les logiques de l'animation et de l'implication directe des habitants peuvent y apparaître.

Il est intéressant de relever, dans la période de mise en route des conseils de quartiers, les jeux de positionnement des acteurs, chacun cherchant à imprégner cette structure de sa vision de la participation. Beaucoup s'inscrivent dans l'esprit de la loi[142] sur la démocratie de proximité qui place la participation des habitants sous le contrôle absolu des élus locaux (M. Blanc, A. Lévy, 2003, p. 14). Les instances de participation mises en place, conçues sans autonomie et comme des courroies de transmission entre la municipalité et les habitants, marquent l'institutionnalisation de la participation ; une forme de contrôle qui peut hypothéquer les perspectives d'inscrire la participation dans un véritable processus démocratique. Les associations d'usagers membres des conseils de quartier sont conscientes d'avoir perdu leurs marges de manœuvre et de négociation au sein de cette instance. Elles refusent alors que cette instance de participation ne soit qu'une simple caisse d'enregistrement et agissent pour en faire une force capable de peser sur la décision institutionnelle. Ainsi, malgré l'injonction législative à restreindre la participation à l'information et à la consultation, il

[142] La loi date de février 2002.

semble que ce soient les réalités locales et leurs dynamiques qui détermineront en fin compte le sens des dispositifs participatifs.

La confrontation entre les élus et les structures sensées représenter les usagers pose la question lancinante de la représentativité qui, en situation de conflit, devient un enjeu important. D'une part, les élus savent qu'une décision ou une mesure sera d'autant plus facilement acceptée par les habitants qu'elle aura reçu la caution de quelques-uns des leurs. Dans cette optique, l'intervention de représentants des habitants facilite la pénétration d'un modèle de mise en ordre et de normalisation (J.-P. Garnier[143], 2003, p. 127). Les structures associatives sont ainsi d'autant plus sensibles aux processus de notabilisation et de récupération. D'autre part, les élus restent partagés entre le confort relatif qu'offre le recours aux représentants des habitants et l'inquiétude que suscite l'absence des habitants dans la participation.

> *« Cependant, une "absence" récurrente à ces rencontres avec les acteurs du projet, reste celle du citadin ordinaire. Acteur important sur l'espace par ses modalités d'appropriation, contrariées souvent par l'espace conçu, il ne manque pas d'intérêt pour les projets initiés sur son territoire. Toutefois, ce retrait du débat, cette passivité relèvent d'une défiance envers le personnel politique. Le citadin ordinaire apparaît comme un acteur désabusé, démobilisé, et culpabilisé. »* (H. Lefebvre, 2000).

Selon Jean-Pierre Garnier (2003), les autorités ont appris à se méfier de l'inertie et de la passivité des administrés et savent combien peut être court le chemin qui mène de l'apathie à « l'anarchie ». En outre, la passivité des habitants renvoie à l'abstentionnisme qui est perçu comme une réelle menace pour la démocratie représentative. Pour reprendre la formule de l'auteur, la « grève civique » des citadins ordinaires taraude les acteurs institutionnels qui cherchent les meilleurs compromis possibles

[143] GARNIER (Jean-Pierre), 2003, « Proximité spatiale et distance politique », *in Ville et démocratie*, *Espaces et sociétés*, n° 112, Paris, L'Harmattan, pp. 119-132.

entre la nécessité de répondre à la demande sociale et la préservation de leur pouvoir.

Les attitudes diverses, parfois les unes plus restrictives que les autres quant au contenu de la participation, témoignent d'un blocage dans les mentalités. Parmi ces pesanteurs, il y a la conviction des acteurs institutionnels d'être les seuls porteurs légitimes de l'idée d'intérêt public. S'agit-il alors d'un amalgame entre leur statut d'élu et une certaine idée du pouvoir qui les acquitterait de toute forme de partage de la décision et de contre-pouvoir ? Ce qui supposerait qu'ils ont des connaissances et des compétences telles qu'elles leur permettraient de gérer seuls le territoire. Dans le contexte actuel, cette perspective apparaît peu crédible, même si ces desseins existent chez une minorité d'élus. Cette logique qui nie les compétences des habitants et les ressources sociales d'un lieu est également celle de certains professionnels de l'architecture, de l'urbanisme et du paysage. De la même façon que certains élus se prétendent les seuls dépositaires de l'intérêt public, de nombreux professionnels revendiquent encore l'exclusivité des savoirs sur la ville. C'est pourquoi ils voient généralement la participation comme une perte de temps considérable : elle remet en cause le planning prévisionnel, rallonge les délais et augmente ainsi les coûts.

Si le décalage, sciemment organisé dans certains cas, entre les temporalités du projet et celles de la concertation, contribue à rendre cette entreprise factice, il permet néanmoins de s'interroger sur les desseins de ces rencontres savamment médiatisées, et plus généralement sur l'ampleur de la communication qui accompagne les projets. Par exemple, les projets de Bellevue à Saint-Étienne et du tramway à Clermont-Ferrand ont connu un déploiement considérable des formes de communication et de concertation qui relèvent d'une même entreprise de légitimation des actions urbaines, déclinée selon des modalités différentes dans l'une et l'autre agglomération. En forçant le trait, nous dirons que, le foisonnement des formes de communication à Clermont-Ferrand s'apparente à des stratégies de façonnement de l'opinion, voire de sa manipulation, tandis que, à Saint-Étienne, ces initiatives[144] se fixent plutôt l'objectif de rassurer les électeurs. Dans ce dernier cas, le contenu explicite du projet urbain se voudra rassurant et sera présenté par les élus et les technocrates comme une technique de savoir-faire infaillible, visant à l'amélioration sensible des conditions de vie des citoyens. Les opérations urbaines sont généralement accompagnées d'un matraquage médiatique, conçu comme un moyen de faire adopter les images officielles de la ville, qui oriente en fin de compte la lecture que se font les usagers d'un projet. Cette forme de communication/façonnement de l'opinion apparaît moins évidente à Saint-Étienne qu'à Clermont-Ferrand où la communication sur le tramway est plus ostensiblement dans cette démarche. A Clermont-Ferrand, l'habileté des formes de communication n'hésite pas à faire des emprunts aux techniques publicitaires[145] et au marketing économique. Force est de constater que les thèmes de communication sur le tramway finissent par être repris par les Clermontois. Ainsi, 60 % des personnes interviewées[146] reprennent les images portées par la communication officielle qui sont le dynamisme, la modernité et l'embellissement. Ces images sont d'ailleurs mieux passées dans l'opinion que les informations sur l'organisation de la ligne : 71 % de personnes ignorent qu'elles résident sur le corridor[147] du tramway et 50 % n'en connaissent même pas le tracé !

Il peut arriver également que la parole du citadin ordinaire soit pour ainsi dire confisquée par le jeu subtil de la médiation. Dans

---

144 Outre la profusion des moyens de communication (plaquettes d'information diffusées dans 7 300 boîtes aux lettres, articles fréquents dans le magazine municipal et la presse locale, expositions, réunions publiques et permanences) engagée avant et pendant la mise en œuvre du projet, la municipalité a initié ce qu'elle appelle une concertation de proximité : il s'agit de permanences des élus dans le quartier.

145 Le maître d'ouvrage a organisé, par exemple, un concours de dessins d'enfants sur le thème du tramway, destiné explicitement à toucher les parents.

146 Il s'agit d'une enquête auprès d'une centaine de personnes résidant sur le corridor du tramway, travail mené par Christelle Valette dans le cadre d'une maîtrise sous ma direction, intitulée *L'Impact de la concertation et la communication institutionnelle sur les clermontois. Le cas du Tramway*, et soutenue en juin 2003.

147 Cent mètres de part et d'autre de l'axe du tramway.

certaines conditions, la substitution de fait du médiateur à la population concernée peut empêcher leur accès à la participation, les priver d'un espace d'apprentissage et retarder toute possibilité de démocratisation. Toutes choses égales par ailleurs, nos travaux[148] antérieurs sur Alger, nous paraissent à propos pour illustrer des situations caricaturales d'usurpation de l'espace de médiation et montrer comment elle peut être l'objet de luttes politiques acerbes. Au cours des années 1990, les frères musulmans ont développé des stratégies de lobbying et de spoliation de tout terrain de médiation, qu'ils se sont appropriés dans une optique utilitariste du travail social en direction des quartiers populaires. Ils ont alors instrumentalisé la demande sociale pour mettre en avant leur propre programme et pour s'imposer auprès des autorités comme les porte-parole exclusifs de la population de nombreux quartiers. Très tôt, la mise en place d'un système clientéliste, par l'intermédiaire d'un réseau dense de bienfaisance et d'actions caritatives, a permis l'élargissement de leur base et leur emprise sur les populations défavorisées. Ils ont investi le terrain de la médiation de façon musclée sans s'inquiéter des problèmes de représentativité ou de légitimité. Lorsqu'un centre culturel ou une bibliothèque devait être transformé en salle de prière, les intégristes arrachaient à la population les signatures et présentaient la requête aux autorités. Ils usaient et abusaient de tout espace démocratique dans une logique utilitariste et antidémocratique[149] manifeste. Pour les intégristes musulmans, la mainmise sur la médiation s'intègre dans l'objectif de prise de pouvoir politique et d'instauration d'un Etat théocratique. Ce cas de figure extrême, où la population, devenue, pour ainsi dire, otage de ses « représentants » est dépossédée de la parole, illustre les dérives du lobbying qui écartent totalement la médiation de l'optique démocratique.

Un autre exemple algérois illustre cette fois, les stratégies des citadins ordinaires qui consistent à mettre en avant des médiateurs dont la position sociale élevée serait susceptible de

---

[148] Semmoud (Nora), 1996, « La Médiation sociale est-elle un frein à la participation des habitants ? Expériences algéroises », Actes du colloque de Rabat *Citoyenneté urbaine et médiation sociale*, Marseille, éd. Villes et territoires méditerranéens, pp. 34-38.

[149] Selon leurs préceptes, la démocratie est un péché.

valoriser l'image du quartier et ainsi, d'influer sur les décisions des acteurs institutionnels en faveur de sa qualification. Ces stratégies sont privilégiées par la population des quartiers illicites pour faire passer leur habitat dans le champ légal. Pour autant, le rôle de ces notables locaux dans la médiation n'est pas non plus neutre. Beaucoup aboutissent à ce positionnement d'interlocuteurs privilégiés des autorités, en investissant dans l'amélioration des conditions de vie du quartier (installation de groupe électrogène, forage de puits, etc.). Cet effort apparemment altruiste des groupes aisés relève, d'une part, de la volonté de façonner une image du quartier en adéquation avec leur statut social et, d'autre part, d'acquérir une position de pouvoir parmi le voisinage. Si les notables se présentent comme les porte-parole des habitants, ils n'en filtrent pas moins les revendications selon leurs propres intérêts. Les autorités, quant à elles, privilégient ces partenaires qu'elles considèrent naturellement comme leur base sociale. La médiation effectuée par des couches moyennes est vue par les pouvoirs locaux comme un instrument de régulation sociale et une forme de compromis valable, tant que les structures représentant les usagers jouent le rôle de partenaire dans le management territorial et non de contre-pouvoir. Si dans le cas algérois de la médiation se joue au fond la question du choix de société et de sa perspective démocratique, les expériences françaises ou de pays développés témoignent, quant à elles, des luttes pour approfondir la démocratie.

Dans tous les cas, les écueils de la démarche participative contrarient ses possibilités à dévoiler la réalité sociale d'un territoire, aux yeux des acteurs politico-administratifs et des concepteurs, si tant est qu'ils veuillent la voir. Dans ce cas, l'action urbaine passe, hélas, à côté des nombreuses potentialités que recèlent les territoires concernés, contrairement aux opérations qui font le pari d'une véritable implication des habitants. Ces dernières ont su s'appuyer sur les ressources sociales d'un lieu pour enrichir le projet et réduire ses décalages avec la demande sociale. Sans doute, de nombreuses opérations d'urbanisme ont été initiées avec l'objectif de faire participer les usagers au projet, toutefois l'absence de leur médiatisation est déjà en soi révélatrice des pesanteurs dans ce domaine. Même lorsque ces initiatives réussissent à être médiatisées, comme celle de la réhabilitation du centre historique de Bologne dans les années 1980, celle engagée par Christopher Alexander à l'université de l'Oregon dans les années 1970 ou celle de la réhabilitation du Petit Séminaire à Marseille dans les années 1980, elles retombent rapidement dans l'oubli. Toujours est-il que ces expériences de démocratisation de l'urbanisme font apparaître les usagers comme des protagonistes du processus de requalification spatiale. Dès lors, parmi la population, émerge de nouveaux acteurs qui mettent en œuvre des synergies et révèlent de nombreuses compétences, comme les propositions de formation de jeunes chômeurs par d'anciens artisans génois pour restaurer les édifices, ou encore les solutions de mobilité interne à la cité suggérées pour gérer les problèmes de voisinage au Petit Séminaire. En définitive, les effets novateurs de ces démarches participatives ne se résument pas seulement à une meilleure connaissance du quartier – qui peut s'avérer une véritable enquête sociale[150] – et à la mobilisation de l'opinion publique, ils contribuent aussi à dévoiler l'organisation sociale, son capital social[151] et ses ressources.

---

[150] Mariolina Besio relate comment, à l'occasion de la réhabilitation d'un ancien quartier génois, les habitants organisent une véritable enquête : « *[Ils] commencent à sensibiliser l'opinion publique aux problèmes de la vieille ville. Ils s'organisent pour recenser, au moyen de questionnaires et d'enquêtes, les lieux où le malaise social est particulièrement fort [...].* ». BESIO (Mariolina), 1996, « La Participation des habitants à la réhabilitation d'un quartier. Le cas de Piazza delle Vigne à Gênes », Actes du colloque de Rabat *Citoyenneté urbaine et médiation sociale*, Marseille, éd. Villes et territoires méditerranéens, pp. 30-33.

[151] « *Le capital social est l'ensemble des ressources actuelles ou potentielles qui sont liées à la possession d'un réseau durable de relations plus ou moins institutionnalisées, d'interconnaissances et d'interreconnaissances ou, en d'autres termes, à l'appartenance à un groupe, comme ensemble d'agents qui ne sont pas seulement dotés de propriétés communes (susceptibles d'être perçues par l'observateur, par les autres ou par eux-mêmes) mais sont aussi unis par des liaisons permanentes utiles [...]. Ce réseau de liaison est le produit de stratégie d'investissement social consciemment ou inconsciemment orienté vers l'institution ou la reproduction de relations directement utilisables à court ou à long terme.* » BOURDIEU (Pierre), 1980, « Le Capital social, notes provisoires », *Actes de la recherche en sciences sociales*, n° 31, pp. 2-3.

Selon Mariolina Besio (1996), l'implication des habitants dans la requalification du quartier génois de la Piazza delle Vigne a mis en évidence les nombreuses ressources qu'ils mobilisent pour la réalisation du projet. Les potentialités internes, telles que les initiatives sociales et micro-économiques, les solidarités, la créativité artistique et culturelle, etc. ont été ranimées et mises au service de l'amélioration des conditions d'existence de la communauté.

> *« Les habitants constituent des ressources d'humanité, de volonté, de micro-économie familiale et de comportements concrets sur lesquels on peut compter. »* (M. Besio, 1996, p. 30).

L'auteur montre, par ailleurs, comment la confrontation des différents acteurs : habitants, associations, concepteurs, institutionnels, etc. peut être aussi l'occasion pour les uns et pour les autres d'apprentissages multiples. Ainsi, forts des enseignements d'une première expérience d'auto réhabilitation spontanée (sans l'aide des institutions) dont les résultats se sont avérés mitigés, les habitants soumettent un nouveau programme d'actions[152] à la municipalité en vue d'obtenir des financements. Les administrations publiques, obligées d'intervenir sur les aspects relevant de leur compétence – l'Etat, pour l'ensemble monumental associé à l'église et la municipalité, pour les rues et les réseaux – ont finalement compris la nécessité de requalifier le quartier et perçu les potentialités sociales pour le faire. Parmi les processus enclenchés par cette démarche de projet partagé, la synergie entre les ressources des milieux populaires et celles de catégories sociales aisées a conduit à une cohabitation sociale inédite, chacun y trouvant son intérêt.

Dans l'expérience d'urbanisme démocratique de Christopher Alexander[153], la déclaration faite aux architectes par un

---

[152] Le programme concerne la réhabilitation de 18 édifices situés essentiellement au cœur du quartier (y compris l'église, le cloître et le clocher) et la revitalisation du centre et des espaces publics. L'opération touche directement environ 150 familles.

[153] ALEXANDER (Christopher), 1976, *Une Expérience d'urbanisme démocratique*, Paris, Seuil, coll. Espacements, 172 p.

professeur[154] de l'université de l'Oregon, qui participa à cette initiative, témoigne parfaitement de la logique de cette démarche participative, pour le moins originale :

> *« Nous nous attendions [...] à la relation habituelle architecte-usager : nous allions déballer nos problèmes [...] et les aménageurs reviendraient, pensions-nous, avec une image toute tracée. Mais l'initiative ne cessa d'être renvoyée dans notre camp [...] et notre imagination sollicitée sans relâche [...] Nous sortîmes dans la boue et la pluie, nous explorâmes le site [...] essayâmes de nous faire une image des lieux [...] Où situer l'entrée principale ? Quel aspect lui donner ? [...] Nous parcourions du regard ces lieux imaginaires [...] Lentement, petit à petit, l'image se mit à prendre forme [...] les morceaux commencèrent à s'agencer... On aurait dit que les aménageurs étaient là pour nous en faire accoucher[...]. Nous vécûmes une semaine passionnante. Plus tard, divers groupes apportèrent leur contribution. »* (J. Mcmanus, 1976, p. 11).

Il s'agit en fait, d'un véritable processus de co-production, où l'architecte ne s'est pas contenté d'interviewer les utilisateurs sur leurs besoins pour définir son programme. Il les a conduits laborieusement à participer, non seulement au programme mais aussi à donner des images des lieux. A l'issue de ces échanges, Alexander formalise ce qu'il nomme un plan organique et ouvert, qui devra progressivement prendre forme entre les mains de la collectivité. La relation entre architecte-usager, tout à fait inhabituelle comme le souligne le professeur, place le concepteur dans un rôle pédagogique où il cherche à transmettre y compris des compétences en matière d'agencement spatial. La posture d'Alexander traduit sa pensée sur le rôle des architectes et des urbanistes qui, quels que soient leur talent et le soin qu'ils apportent aux projets, ne peuvent réunir les conditions pour créer un environnement présentant la diversité et l'ordre recherchés par les usagers (C. Alexander, 1976, p. 45). Selon Alexander, les usagers quotidiens des

[154] John Mcmanus, professeur de musique à l'université de l'Oregon, cité dans l'ouvrage ALEXANDER (Christopher), 1976.

bâtiments savent mieux que quiconque ce dont ils ont besoin. Leur participation doit donc aboutir à la création de lieux beaucoup mieux adaptés que ceux produits par la planification centralisée. Il ajoute que la participation possède une vertu intrinsèque, celle de rassembler les individus, de les impliquer dans leur univers commun et de créer un lien affectif entre eux et le monde environnant qu'ils contribuent à façonner. L'examen d'une telle expérience qui s'adresse aux usagers de l'université pose une question essentielle : les professionnels sont-ils en mesure de mettre en œuvre les mêmes conditions de co-production du projet avec une population moins favorisée socialement ? Les expériences, comme celle de la réhabilitation du Petit Séminaire, montrent que c'est possible, mais à certaines conditions.

La démarche expérimentale de participation, engagée à l'occasion de l'opération de réhabilitation du Petit Séminaire[155], a mobilisé durant près de sept années, habitants, maître d'ouvrage[156], architectes, sociologues[157] et maître d'œuvre. L'opération était devenue emblématique, car elle se distinguait des autres expériences participatives en agissant sur trois dimensions : le processus de négociation permanente avec des habitants de milieu modeste et de faible niveau scolaire ; la mobilisation des apports de la sociologie et leur articulation à ceux de l'architecture ; et enfin, l'instauration d'un dialogue entre le gestionnaire et les locataires avec l'objectif de le pérenniser. L'analyse des réseaux sociaux, des relations de voisinage, des modes de vie et des pratiques individuelles et collectives, établie par les professionnels en

---

[155] Cité de 240 logements, réalisée en 1960 pour accueillir les rapatriés d'Afrique du Nord. Située dans le 13e arrondissement de Marseille, elle abrite à la fin des années 1970 une population précaire majoritairement maghrébine et gitane. Voir ANSELME (Michel), 1985, « La Réhabilitation du Petit Séminaire : une opération expérimentale menée avec la participation active des habitants », Marseille, CERFISE, 18 p. et annexes, ANSELME (Michel) et PERALDI (Michel), 1985, « Le Petit Séminaire », *Les Annales de la Recherche Urbaine*, n° 26, pp. 57-64.

[156] OPHLM de la Ville de Marseille.

[157] Il faut souligner que le travail patient et permanent de Michel Anselme (sociologue, CERFISE) et de Marc Jolivet (architecte AURA) auprès des habitants relevait quasiment de l'engagement militant. Leur mobilisation dépassait largement leurs honoraires.

collaboration avec les résidants, leur a permis de définir ensemble les actions qui en découlent. Ainsi, l'organisation de la mobilité résidentielle interne des locataires au sein de la cité, pour pallier notamment aux conflits de voisinage, a donné lieu à un lourd travail de négociation au cas par cas, pour déboucher sur un plan d'occupation des logements accepté par tous. De la même façon, le vocabulaire architectural et urbain retenu pour la réhabilitation se voulait traduire les modalités d'appropriation des habitants. L'opération achevée, la disparition des initiateurs les plus actifs de la participation (sociologues et architectes) et avec eux les *permanences de la parole,* a vite fait retomber l'implication de l'organisme gestionnaire qui se désengagea aussitôt de l'organisation de réunions permanentes avec les locataires. Si le bailleur n'a pas joué le jeu, l'expérience participative, quant à elle, n'a pas réellement embrayé sur un engagement et une mobilisation pérennes des habitants. Même si l'expérience du Petit Séminaire n'a été qu'une sorte de parenthèse, elle n'en témoigne pas moins chez les résidants de potentialités qui ont pu être mobilisées à l'occasion de la requalification de leur habitat.

Force est de constater que la démocratisation de l'urbanisme relève plus de l'expérimentation que de pratiques généralisées. Les expériences de démocratisation de l'urbanisme, quels que soient l'engagement et la générosité qu'elles font apparaître, finissent par butter, sinon contre les récifs d'un ordre social inégalitaire, du moins contre l'inertie des pratiques professionnelles et de l'administration. Mais elles permettent de comprendre que l'accès à la demande sociale nécessite à la fois la démocratisation de l'urbanisme et la mobilisation des savoirs en sciences sociales. Sans doute, la démocratisation de l'urbanisme invite-t-elle aussi à une démocratisation des connaissances sur l'urbain et à une sorte d'éducation civique[158] sur la ville, par exemple, au sens où l'entendait Marcel Poëte :

[158] Nous avons eu le plaisir de contribuer à une formation (2001-2003) sur le thème : *Critères de lecture et de compréhension de la forme urbaine et évaluation du projet urbain,* organisée par la Ville de Villeurbanne à l'intention des conseils de quartier. Les débats soulignaient la nécessité pour les habitants « d'accrocher » le discours théorique sur la ville des concepteurs à leurs conditions d'existence.

« Poëte, en effet, n'est pas le seul à attribuer, à des fins d'éducation populaire, une valeur civique à la connaissance de la ville, lieu physique de la mémoire collective. » (D. Calabi[159], 2001, p. 79).

Cette optique suppose de permettre aux citadins ordinaires d'accéder à l'histoire de la ville, à la compréhension de sa dynamique, aux éléments qui permettent de lire sa morphologie, etc. Une entreprise de vulgarisation des savoirs de l'urbanisme qui peut, à terme, donner plus de moyens aux citoyens pour comprendre le langage des professionnels, formaliser leur demande et co-produire le projet. La vulgarisation des savoirs sur la ville constitue alors un facteur stimulant des conditions de démocratisation de l'urbanisme. Les maîtres d'ouvrage et les concepteurs peuvent jouer un rôle primordial au sein de ces apprentissages, dès lors qu'ils adhèrent à l'idée de démocratisation et sortent, pour les uns, de leur droit de réserve et, pour les autres, de leur logique techniciste. Dans certaines conditions, le face-à-face de l'urbaniste avec les usagers, sans la médiation institutionnelle, peut enclencher d'autres formes d'engagement professionnel et un renouvellement du mode de penser l'espace et les pratiques. Une dynamique chez les professionnels qui dépendrait moins d'un positionnement idéologique, que d'une conviction des effets de retour positifs sur l'aménagement des espaces et leur aptitude à être appropriés par les usagers. En tout cas, dans de nombreuses expériences participatives, l'architecte ou l'urbaniste a également fait apparaître ses capacités pédagogiques et d'écoute, et son aptitude à s'émanciper de la figure du « chef d'orchestre » pour s'associer aux autres disciplines et acteurs. Il a su porter l'attention sur les enjeux sociaux, participer à mobiliser les acteurs autour de perspectives où la technique n'est plus hégémonique et traduire en terme d'agencements spatiaux les pratiques et les attentes des usagers. Il s'agit en fait d'une dynamique qui positionne, d'un côté, le professionnel comme médiateur entre les citadins et les propriétés de l'espace et, de

---

[159] CALABI (Donatella), 2001, « Marcel Poëte : pionnier de l'urbanisme, militant de l'histoire des villes. Une vie de cité (1924-1931) », *in* LEPETIT (Bernard), TOPALOV (Christian) (dir.), *La Ville des sciences sociales*, Paris, Belin, pp. 79-109.

l'autre côté, les habitants comme médiateurs entre le professionnel et les significations sociales des lieux.

II. LES PRATIQUES DES PROFESSIONNELS

Depuis les désillusions par rapport au mouvement moderne et face aux mutations qui touchent les disciplines de l'architecture et l'urbanisme, notamment l'accentuation de la division du travail et l'émergence d'autres compétences (programmation, design, infographie, etc.), les professions[160] de la production de l'espace sont continuellement en quête d'identité. Du coup, la conception qui dissocie l'usage de la forme et envisage cette dernière strictement selon les normes de l'art :

> *« [...] ne fait que refléter une position artistique dans le champ de l'architecture qui participe des tactiques de distinction de certaines élites intellectuelles, pouvant se résumer dans la suprématie du "paraître sur l'être". »* (D. Pinson, 1993, p. 184).

La quête identitaire des architectes et urbanistes privilégiant les normes de l'art est stimulée par l'apparition de professions concurrentes, comme les paysagistes ou les designers, dont le travail est plus proche du domaine artistique. Ces disciplines, très peu habituées à être confrontées à la production d'espaces largement et diversement pratiqués par les individus, aiguisent, somme toute, la concurrence entre concepteurs et leurs efforts d'affirmation identitaire, sans pour autant, déborder de leur domaine commun : l'expression artistique.

Par ailleurs, les mutations qui affectent le système des acteurs se répercutent sur les conditions de production et d'usage de l'espace. Ainsi que nous l'avons vu précédemment, le processus d'élargissement/fragmentation de la décision induit des luttes de la part des acteurs pour se positionner dans le nouvel échiquier du pouvoir local, en même temps qu'il rend nécessaire la construction d'un consensus. Ces nouvelles conditions de production de

---

[160] Voir à ce sujet CHAMPY (Florent), 2000, « Les Architectes, les urbanistes et les paysagistes », *in* PAQUOT (Thierry), LUSSAULT (Michel) et BODY-GENDROT (Sophie) (dir.), *La Ville et l'urbain. L'état des savoirs*, Paris, La Découverte, coll. Textes à l'appui, pp. 215-224.

l'espace sont, certes, favorables à l'évolution des pratiques politico-administratives et à la visibilité des contradictions entre acteurs, qui sert directement l'action collective des citoyens. Mais, en même temps, les dissensions entre acteurs et parfois entre maîtres d'ouvrage peuvent réapparaître à l'occasion de la mise en œuvre de l'aménagement et révéler la fragilité du consensus autour des orientations.

A cet endroit, l'exemple stéphanois illustre tout autant le processus d'élargissement/fragmentation de la décision caractérisant la gouvernance urbaine et les stratégies de positionnement des professionnels face à la crise. Ainsi, malgré le consensus des acteurs autour du projet d'ensemble, les dissensions entre maîtres d'ouvrage, relayées par les pratiques de retranchement des professionnels vont se refléter dans l'aménagement produit. On assiste alors à une dispersion des maîtres d'œuvre et à l'individualisation de leurs œuvres qui s'écartent sensiblement de la cohérence d'ensemble du projet. L'espace produit forme alors une sorte de puzzle qui exprime le retranchement des concepteurs dans le champ de leurs normes. En définitive, si l'étape de la réalisation du projet ne remet pas en cause le consensus autour de l'orientation « soft » du projet, elle va tout de même s'écarter de sa cohérence d'ensemble et révéler les logiques professionnelles des concepteurs.

1. Position de retranchement des concepteurs

Le projet de Riccardo Bofill[161], était caractérisé par une forte densité bâtie et comportait un important programme de bureaux et de logements, ainsi qu'un centre sportif (piscine et patinoire). L'ensemble du programme et les bâtiments existants maintenus[162] devaient occuper près des deux tiers des emprises libérées et de la place[163]. La densité était davantage renforcée par la volumétrie monumentale, chère à Bofill, et par une configuration pour le moins étriquée des espaces publics, limités à un espace vert enserré entre les différents édifices et au marché longeant la rue Gabriel Péri qui

---

[161] Rappelons que ce projet est officialisé en 1992.
[162] Le projet prévoyait des démolitions.
[163] L'emprise du triangle formé par la place est de 2,5 ha.

supporte déjà une circulation automobile importante en plus de la ligne de tramway. Quand bien même le projet était censé être une porte d'entrée sur le Pilat, la proximité immédiate d'édifices monumentaux, organisés en proue de navire, avec les espaces naturels du massif, résonne plutôt comme un contraste. Outre l'absence de concertation au démarrage, c'est, sans doute, sa nature radicalement transformatrice et son effet d'écrasement du bâti existant qui ont prévalu dans son rejet par le comité de quartier et les habitants interviewés[164].

Contrairement au parti architectural et urbanistique du projet Bofill, l'atelier Devillers, en 1997, oriente sa réflexion sur la requalification de l'espace public. Le projet Devillers a, tout de même, bénéficié d'une commande mieux définie qui traduisait le consensus laborieusement construit entre différents acteurs. Il a su donner une légitimité savante aux choix préconisés en démontrant l'efficacité de la qualification de l'espace public pour valoriser un quartier ancien, sans forcément recourir à sa transformation radicale. En tout cas, la démarche de Marina et Christian Devillers, inhérente sans doute à leur approche de la morphologie urbaine[165], a pesé dans la traduction spatiale du consensus[166] par la pertinence des réponses apportées aux enjeux politiques, sociaux et spatiaux de l'aménagement de Bellevue. La première contrainte de l'atelier Devillers a été de fédérer dans une composition d'ensemble, les différents éléments de programme : le centre hospitalier mutualiste[167], le

---

[164] Les interviews ont été réalisées lors d'une enquête menée au printemps 2003 à Bellevue, dans le cadre de la préparation de mon habilitation à diriger les recherches. Elle a permis de réunir un corpus de 29 entretiens semi directifs avec des habitants chez eux, des commerçants et des acteurs associatifs et politico-administratifs, de 21 entretiens informatifs avec des habitants rencontrés dans la place et de près d'une cinquantaine d'échanges effectués avec des résidants à l'occasion de la concertation et de l'enquête publique.

[165] Voir DEVILLERS (Christian), 1974, « Typologie de l'habitat et morphologie urbaine », *Architecture d'Aujourd'hui*, n° 174, juillet-août 1974.

[166] Les fonctionnaires en charge du dossier et le comité de quartier ont gardé un bon souvenir de la prestation de l'atelier Devillers : *« [...] pour son écoute, sa compréhension des enjeux et la pertinence des réponses données en réunions publiques. »* (Extraits d'entretien avec la fonctionnaire en charge du dossier).

[167] Capacité : 180 lits.

jardin public, le pôle d'échanges[168] des transports collectifs, le marché et le parking. Le choix d'implanter et de circonscrire le pôle d'échanges entre le jardin public et le marché, était, sans doute, pour l'atelier Devillers une façon d'humaniser cet espace fonctionnel qui peut devenir ainsi le prolongement naturel de lieux sociaux.

L'aménagement du cœur de Bellevue succède à des interventions[169] d'urbanisme qui ont été étalées dans le temps selon les opportunités et qui finalement mettent en évidence une démarche pragmatique de valorisation du site par touches successives. On retrouve là, les préconisations de Bernard Huet[170] sur la réhabilitation des tissus anciens, basées sur l'analyse des premières expériences de ce type, notamment à Bologne. L'auteur propose de privilégier les opérations ponctuelles, discontinues et échelonnées sur des périodes de temps relativement longues. Il associe, par ailleurs, cette démarche à la possibilité d'intervenir légèrement en « modernisant » sans évacuer les habitants.

Ainsi, à Bellevue, les interventions[171] ont consisté à équiper et à moderniser la trame des espaces publics, notamment par l'élargissement des trottoirs et la mise en place de revêtements, de plantations et de mobilier urbain conformes aux normes de confort et de sécurité. L'aménagement est alors ressenti généralement par les résidants comme une amélioration sensible de leur quotidien. L'équipement, la modernisation et le confort apportés au quartier ont vraisemblablement amélioré les moyens matériels de la convivialité (H. Raymond, 1988).

---

[168] Chaque jour, 22 000 personnes empruntent les transports collectifs de la place Bellevue et 5 000 y effectuent des correspondances.

[169] La mise en site propre du tramway et le gazonnement de sa plate-forme au nord de Bellevue, en 1996 ; l'organisation du carrefour et la valorisation de l'entrée de ville au sud, en 2000 ; l'opération immobilière de l'Ilot Charcot avec 78 logements, accompagnés de la Poste et de l'ANPE, livrée en 2001.

[170] HUET (Bernard), 1982, *Anachroniques d'architecture*, Bruxelles, Archives d'architecture Moderne, 179 p.

[171] La démolition du dépôt STAS en 1998, la construction de la clinique en 2000 et l'aménagement de la place, du jardin et du pôle d'échanges entre 2000 et 2002.

Fig. 4 – L'aménagement de Bellevue

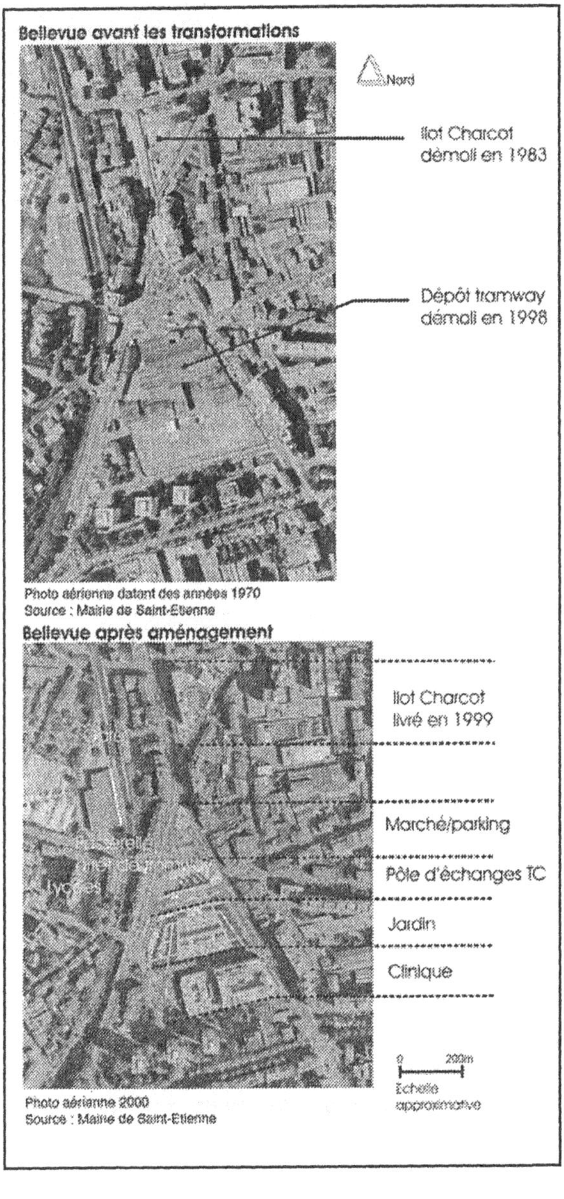

Photo aérienne datant des années 1970
Source : Mairie de Saint-Etienne

Photo aérienne 2000
Source : Mairie de Saint-Etienne

Fig. 5 – Le projet retenu du cabinet Devillers

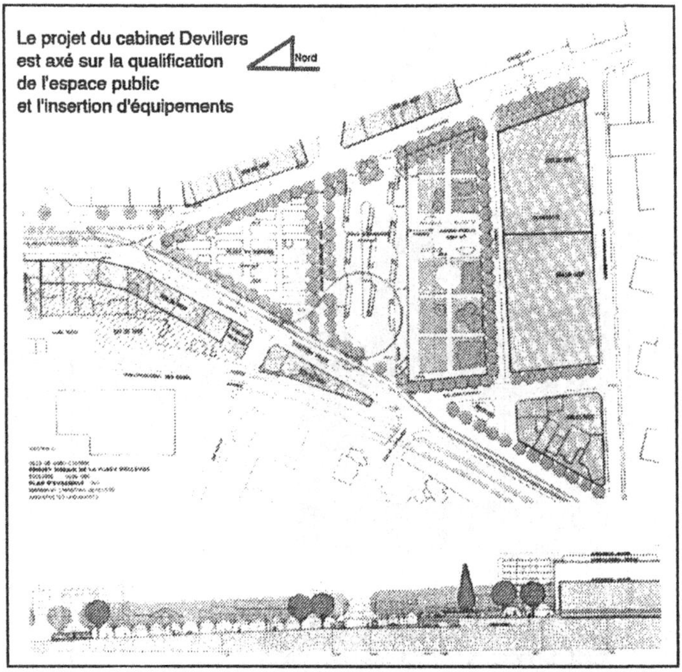

Autant l'élargissement du système d'acteurs et des décideurs tend à substituer à la sectorisation, des approches territoriales transversales, autant il fragmente la décision et révèle, du même coup, les hiatus de l'urbanisme. Les problèmes et les divergences *a priori* techniques apparaissant dans le partage de la maîtrise d'ouvrage publique, renvoient, en fait, au jeu des acteurs politiques qui cherchent à se positionner au mieux dans la nouvelle configuration du pouvoir local et à faire valoir leur poids dans la décision. Si ce décalage envenime et rend visible les conflits d'intérêt, il n'entache pas pour autant, la construction d'un consensus qui porte toutefois plus sur les orientations que les conditions socio-économiques de leur mise en œuvre. Ces conditions nouvelles s'avèrent propices au renouvellement des pratiques politiques et professionnelles. Les techniciens fonctionnaires, par exemple, tendent à s'écarter de la sectorisation et du devoir de réserve pour promouvoir des démarches transversales et peser explicitement sur le contenu du consensus. Plus généralement, les concepteurs qui, nonobstant leurs discours sur le poids écrasant et exclusif de la décision politique en matière d'urbanisme, affirment une indépendance leur donnant une place à part entière dans le projet.

Si la municipalité, maître d'ouvrage du plan d'urbanisme de Bellevue, a peu ou prou réussi à formaliser une cohérence d'ensemble, tout se complique au moment du passage à la mise en œuvre où différents maîtres d'ouvrage rentrent en scène. Par conséquent, malgré la validation du projet Devillers par les différents acteurs, tout est remis à plat au moment de décliner les composantes du programme par les maîtres d'œuvre[172] qui dépendent de maîtres d'ouvrage distincts : les mutuelles, le SIOTAS[173], Saint-Étienne Métropole et la municipalité. C'est vraisemblablement au cours de cette phase que les écarts sont apparus avec le projet Devillers, des écarts considérés, notamment par le comité de quartier, comme des manquements au consensus. La mise en œuvre du programme en ordre dispersé a donné lieu à une sorte de puzzle spatial, formé d'entités conçues les unes indépendamment des autres. L'aménagement de Bellevue apparaît alors comme la manifestation de stratégies où chaque profession cherche à affirmer son identité et tente de la faire prévaloir sur celle des autres. Il est tout à fait remarquable de voir à quel point, les réponses des différents maîtres d'œuvre ont relayé, voire renforcé, les divergences d'optique de leur maître d'ouvrage. La clinique est conçue selon la logique propre de l'objet architectural qui souffre d'une insertion urbaine insuffisante ;

---

[172] Maître d'œuvre du jardin : Pascale Hannetel (paysagiste) ; commanditaire : la municipalité. Maîtres d'œuvre du pôle d'échanges : INGEROP et les architectes Le Bunetel et Roux (chargés « d'habiller » le pôle conçu par des ingénieurs) ; commanditaire : SIOTAS. Maître d'œuvre du marché : Patrick Buffard (architecte) ; commanditaire : la municipalité. Maître de la clinique : cabinet d'architecture Voutay ; commanditaire : les mutuelles de la Loire.

[173] Syndicat Intercommunal pour l'Organisation des Transports dans l'Agglomération Stéphanoise.

l'organisation du pôle de transport collectif privilégie l'architecture des déplacements aux lieux de convivialité ; et l'aménagement du jardin met en scène le géométrisme et l'esthétique et produit ainsi un lieu qui contraste avec le square traditionnel du quartier dont se réfèrent les habitants.

Les conflits, réanimés entre maîtres d'ouvrage, ont placé la municipalité dans un rôle d'arbitrage difficile, entre les exigences du comité, d'un côté, et du SIOTAS, de la communauté d'agglomération et des mutuelles, de l'autre. Contrairement à l'attitude de médiation du cabinet Devillers, qui a compris les enjeux et a su plus ou moins les traduire dans sa démarche, les autres concepteurs se sont alignés derrière leurs maîtres d'ouvrage, sans aucune tentative de concertation entre eux. Ils ont renforcé les dissensions par une logique qui a consisté à individualiser leurs productions respectives et à inscrire l'espace conçu dans la rigueur des codes de la profession. Echaudés par l'épisode des négociations foncières avec la municipalité, les responsables de la Clinique Mutualiste, se sont totalement reposés sur leur architecte qui, fort de ce pouvoir, a bloqué toute possibilité de dialogue avec le CQA[174] de la municipalité sur les améliorations à apporter au projet architectural. De la même façon, les négociations entre le SIOTAS et la municipalité à propos de l'aménagement du pôle d'échanges n'ont pas abouti à un compromis satisfaisant sur l'emprise du pôle et la hauteur des pylônes. Les difficultés à trouver un terrain d'entente pour l'aménagement du pôle et l'architecture de la clinique se sont certainement répercutées sur la réalisation du jardin initiée par la municipalité. Il s'est retrouvé coincé entre la volumétrie imposante de la clinique, le surdimensionnement du pôle et la hauteur écrasante des pylônes des abribus.

Le caractère segmenté de l'aménagement, fait d'entités juxtaposées, quasi isolées de leur contexte et caractérisées par des faiblesses d'articulation entre-elles, est avant tout souligné

---

[174] Conseil Qualité Architecturale, structure municipale de négociation avec les concepteurs privés sur les projets d'architecture importants. Il réunit l'architecte conseil de la Ville, des élus, les fonctionnaires en charge des projets et des autorisations d'urbanisme.

par les habitants. La clinique est alors perçue comme un objet décontextualisé au volume écrasant. Le pôle d'échanges est vécu comme un espace strictement utilitaire qui renvoie à l'imagerie de l'usine. Le jardin, quant à lui, comparé inévitablement au square du quartier, est d'autant plus critiqué sur l'absence de poétique qu'il était très attendu[175]. En revanche, les aménagements qui concernent les autres espaces, tels que le marché ou les rues qui bordent la place, font l'objet d'une perception plus favorable de la part des résidants.

La clinique : un paquebot dans la mer[176]

La notion de cohérence d'ensemble des actions d'aménagement à Bellevue n'a pas le même sens selon qu'elle soit évoquée par les acteurs institutionnels et les concepteurs, ou par les habitants. Les premiers l'envisagent suivant une croyance persistante de la planification et de l'ordre produit par l'aménagement volontaire qui, pourtant, comme le souligne Jean-Pierre Frey[177] (2000, p. 113), s'oppose à une vie urbaine qui contredit l'idée même d'une maîtrise globale de l'espace. En revanche, les résidants, grâce à leurs compétences d'usagers de l'espace, définissent plus concrètement la cohérence en repérant les manifestations de toute perturbation dans leurs usages. La métaphore du paquebot dans la mer illustre parfaitement la perception par les habitants de la volumétrie écrasante de la clinique et de son isolement. Elle est d'abord contestée, parce qu'elle obstrue[178] en partie la perspective visuelle sur le massif du Pilat, perspective inscrite dans la mémoire et l'imaginaire collectifs. Une autre erreur de conception relevée par les habitants concerne l'emplacement de

---

[175] Rappelons que c'était l'une des principales revendications du comité de quartier.

[176] Extrait d'entretien avec un résidant.

[177] FREY (Jean-Pierre), 2000, « La Ville des architectes et des urbanistes », *in* PAQUOT (Thierry), LUSSAULT (Michel) et BODY-GENDROT (Sophie) (dir.), *La Ville et l'urbain. L'état des savoirs*, Paris, La Découverte, coll. Textes à l'appui, pp. 106-114.

[178] Les résidants des immeubles d'alentour soulignent que les cheminées imposantes de l'édifice, par ailleurs non conformes au permis de construire, renforcent cette impression d'obstruction.

l'entrée du funérarium sur la façade principale de l'édifice, face à des espaces publics qui ont vocation à être très fréquentés, comme le jardin, la rue Robespierre et le Casino. Le positionnement de ce lieu, porteur d'imagerie macabre et objet de l'aversion des usagers est un témoignage supplémentaire de l'impasse faite par l'architecte sur les conditions d'insertion de l'édifice. Pourtant, comme le souligne fort justement Jean-Pierre Frey (2000, p. 110), plutôt que le fétichisme de l'œuvre, le véritable objet de la pratique architecturale est en fait de régler les relations entre toute nouvelle construction et son contexte d'insertion.

Le pôle d'échanges: la fonctionnalité d'une machine

Le pôle d'échanges n'apparaît pas spontanément dans la parole des habitants : d'abord annulé par la difficulté des individus à y projeter des significations, il suscite ensuite les critiques les plus vives. Les griefs concernent, en premier lieu, le dimensionnement[179] du pôle d'échanges et le sentiment d'envahissement qu'il inspire. Les critiques portent, en second lieu, sur l'esthétique du pôle d'échanges, notamment les pylônes[180] en métal qui renvoient à l'image de l'usine ou de la gare de triage. La répulsion suscitée par ces éléments caractéristiques de l'architecture du pôle est davantage renforcée par leur proximité avec les hautes grilles du jardin. L'usage cumulé du métal dans le même espace, s'il renforce la perception d'invasion de la place par la ferraille, n'en demeure pas moins l'expression d'une faiblesse d'articulation entre le pôle et le jardin.

Fortement centrée sur la fonctionnalité, la logique de conception du pôle est, sans doute, à l'origine des difficultés d'appropriation de ce lieu par les individus. Elle renvoie à

---

[179] Un des membres du comité de quartier a comparé l'aménagement de différents arrêts de bus dans la ville, pour en déduire qu'à Bellevue le surdimensionnement de la chaussée et des rayons de giration des bus du pôle était exagéré. Il souligne, par ailleurs, la dangerosité de ce surdimensionnement qui invite les conducteurs de bus à faire de la vitesse.

[180] D'une hauteur d'environ 8 mètres, les mats soutiennent la toiture des abribus.

l'esprit dans lequel se conçoivent encore certains Plans des Déplacements Urbains (PDU) et particulièrement les pôles d'échanges, lieux d'interconnexions entre plusieurs modes de transport, envisagés comme des nœuds dont la fonctionnalité doit atteindre un optimum. Malgré les énoncés de principe des PDU et leur injonction à la cohérence avec le développement urbain, de nombreux ingénieurs donnent la primauté à la fonctionnalité et abstraient alors les infrastructures de transport de la réalité urbaine, dans toutes ses dimensions. La fascination des modèles revient alors en force chez les concepteurs qui, dès lors, vont user et abuser de calculs savants de flux, de règles de hiérarchie et de dimensionnement, de normes de gestion et d'exploitation du trafic, etc. Cette démarche n'est pas sans rappeler l'esprit qui a prévalu, au cours des années 1960 et 1970, dans la réalisation des infrastructures de circulation automobile, esprit pour lequel le rapport Buchanan (F. Choay[181], 1979) reste un exemple édifiant. De la même façon que Buchanan suggérait une architecture de la circulation, la conception des PDU et plus particulièrement celle des pôles d'échanges, tend, quant à elle, vers une architecture des déplacements. Les deux démarches convergent par l'abstraction de leur objet auquel elles attribuent une rationalité propre. La première génération de pôles d'échanges témoigne de cette rationalité poussée à l'extrême qui a produit, par exemple, à Toulouse, des lieux totalement coupés des autres activités urbaines. Les acteurs locaux se sont alors saisis du vide autour de ces pôles pour développer tant bien que mal des activités tertiaires et enclencher une dynamique qui va inspirer la nouvelle génération de pôles d'échanges, conçus cette fois comme des pôles d'activités économiques.

Le Jardin des utopies[182]

L'appellation « Jardin des utopies » est relevée ironiquement par les habitants à cause de son caractère allusif à un imaginaire débridé et fantaisiste qui, selon eux, n'a rien à voir avec l'image

---

[181] CHOAY (Françoise), 1965, *Urbanisme, mythes et réalités. Une anthologie*, Paris, Seuil.
[182] Nom officiel donné au jardin réalisé à Bellevue.

que donne l'espace réalisé. Ce contraste schizophrénique entre l'imagerie de l'appellation et la réalité du jardin n'est pas sans rappeler les propos de Jean-Pierre Frey (1983) sur le géométrisme morbide[183]. La conception du jardin semble inscrite dans des représentations de l'espace, auquel reste attachée cette idée d'une forme stable, homogène, immuable, d'une structure de pensée bien géométrique ; une idée dissociée des processus historiques qui distinguent les lieux, les habitants et leurs usages. Rectitude des tracés, alignement des objets et des plantations, uniformité des formes et des matériaux, et sobriété de décor, caractérisent la composition spatiale du jardin qui privilégie manifestement la pureté des lignes sur la valeur d'usage du lieu.

> *« La valeur d'usage des lieux est réduite à la rationalité morbide d'une métrique. Et de la métrique à la trique, il n'y a qu'un pas où l'ordre de la ligne et de l'angle droit donne toute la mesure sur la façon de marcher. »* (J.-P. Frey, 1983, p. 61).

Le caractère répulsif du jardin est justifié par les individus au moyen d'une forte symbolique. Ainsi, l'idée d'enfermement, soulignée par les usagers, est associée à l'échelle des grilles qui délimitent le jardin ; la sécheresse, à la prédominance du traitement minéral ; le froid et l'absence d'âme, à l'austérité et à la rigidité du tracé des plates-bandes ; etc. La logique conceptuelle privilégiant dans ce cas, la pureté des formes et la rationalité métrique sur une réflexion autour des usages, rend, somme toute, l'appropriation du jardin fastidieuse. Il est vrai que, Saint-Étienne a la prétention de devenir la capitale du

---

[183] Dans son article « Architecture et géométrisme morbide » (déjà cité), Jean-Pierre Frey fait une analogie avec les réflexions du psychiatre Eugène Minkowski (1968) : *« L'analyse du mode de pensée des schizophrènes lui permit de définir une série de symptômes qu'il désigna par le terme de géométrisme morbide. Il avait constaté en effet que ses « malades » se représentaient un certain nombre d'événements ou d'objets, dissociés de leurs processus effectifs à des moments différents, et figurant dans une image figée de la réalité. La représentation de la « durée » qui nous permet de concevoir des événements de façon hétérogène, par exemple, selon une certaine chronologie avec une conscience de l'irréversibilité du temps, est remplacée chez ces sujets par l'image figée des événement à un moment donné, par un temps spatialisé, arrêté sous forme d'une image très rigide d'un espace géométrisé. »*.

design et que, à ce titre, « l'esprit designer » tend à imprégner l'aménagement de l'espace public stéphanois. Du coup, les dissensions entre les acteurs de la maîtrise d'ouvrage publique et les concepteurs à ce sujet ont amené le maire[184] à inciter ces derniers à regarder du côté de l'espace social.

En outre, le rejet d'une telle conception par les usagers est d'autant plus accentué que le jardin est en décalage avec la demande sociale[185]. Les usagers attendaient un véritable parc et l'espace produit se révèle être un modeste jardin d'ornementation. Les conditions de la réception sociale de l'aménagement semblent, en tout cas, dépendantes de la façon dont les destinataires avaient envisagé le projet et du niveau de sa formalisation dans leur imaginaire. Quand bien même le désir d'une nature prédominant l'aménagement chez les usagers, a été réduit à un modeste jardin par le maître d'ouvrage, sa formalisation par la paysagiste n'a pas permis, à son tour, de réduire les écarts avec leurs attentes. Outre que la commutation n'a pas fonctionné dans ce cas, la transmutation met en œuvre un univers de signes esthétiques tellement prégnant qu'il contrarie toute projection de sens de la part des usagers. Des langages différents apparaissent entre les concepteurs, les élus et les habitants, mais la communication procède plus du détournement de sens, quand elle ne l'annule pas. Malgré sa participation aux réunions publiques, la conceptrice s'est émancipée, tant de la demande sociale que du programme institutionnel pour se placer dans les règles et les codes du Ciel de l'esthétique (H. Raymond, 1977, p. 109).

---

[184] Interview donné à l'occasion des 1res rencontres stéphanoises, organisées du 18 juin au 11 juillet 2002 : *« Le design n'est pas une simple question de beauté ou d'esthétisme, loin s'en faut. C'est d'abord une démarche qui doit nous permettre de remettre l'homme au cœur de nos préoccupations en inventant, pour lui, des espaces publics, des aménagements, totalement adaptés à ses besoins. »*.

[185] Le sondage organisé par le comité a fait apparaître 93% d'avis favorables pour le parc de verdure. Selon le comité le désir des habitants a été inversé : de l'idée d'un pôle d'échanges intégré dans un parc de verdure on est passé à une réponse minimaliste de jardin, quasi amalgamé à la plate-forme de transports.

2. Logiques de fonctionnement des concepteurs

Les nouvelles figures des professionnels de la production de l'espace et particulièrement des architectes et des urbanistes sont révélatrices d'une véritable quête identitaire. Faute de comprendre les mécanismes qui régissent le fonctionnement de l'espace, les efforts de renouvellement des pratiques professionnelles, quand ils existent, se retranchent derrière les aspects formels et instrumentaux. Les montages et les procédures deviennent alors une préoccupation centrale qui occulte les autres aspects du projet. L'innovation dans ce domaine se limite, le plus souvent, à tenter des mixages ou des superpositions de procédures déjà usitées. Ainsi, il persiste encore une trop grande foi dans la science des montages et des procédures auxquels on prête des pouvoirs inconsidérés. On assiste alors à une sorte de mythification par les techniciens des montages, des procédures, des modèles, etc. dont le perfectionnement et la complexification sont envisagés comme un facteur du renouvellement de l'urbanisme.

L'intérêt des professionnels pour les aspects formels et instrumentaux va de paire avec l'introduction des nouvelles technologies dans la conception et le fonctionnement des édifices et des espaces publics. La fascination de la technique, qui n'a jamais quitté le monde de l'architecture et de l'urbanisme, reprend ainsi une place hégémonique. Dans ces conditions, la technique devient valeur idéologique alors qu'elle se présente comme sa réfutation (Habermas, 1973). Pourtant, il s'agit moins d'écarter la technique, en tant que telle, que de remettre en cause son caractère hégémonique, en particulier sur les dimensions socio-historiques de l'urbain. Déjà dans les années 1960, la sociologie représentée par Paul-Henry Chombart de Lauwe[186] distinguait deux attitudes par rapport à la technique. La première faisait de la technique une raison majeure à l'origine de la tyrannie des concepteurs sur l'espace social. La seconde, au contraire, envisageait des articulations pertinentes entre la technique et les réponses à apporter à la demande sociale. Dans cette optique, l'auteur considérait que

---

[186] CHOMBART DE LAUWE (Paul-Henry), 1970 (1re éd. 1967), *Des Hommes et des villes*, Paris, Petite bibliothèque Payot, 267 p.

l'audace, en matière de prospective, ne consiste pas à proposer les solutions techniques les plus spectaculaires, elle réside plutôt dans l'imagination sociologique (1970, p. 262). Une dizaine d'années plus tard, Gabriel Dupuy, par ailleurs ingénieur et praticien de l'urbanisme, dans son ouvrage *Urbanisme et technique. Chronique d'un mariage de raison*, souligne la dichotomie récurrente entre la conception techniciste et la participation des habitants.

> *« L'échec de toute tentative de participation trouve son origine dans la conception techniciste de l'aménagement, et dans la technicité des hommes et des méthodes qu'ils utilisent, les deux étant bien entendu fortement liées. »* (G. Dupuy, 1978, p. 9).

Accéder aux significations sociales de la technique et comprendre sa fonction sociale, ainsi que le suggère l'auteur (G. Dupuy, 1978, p. 381), serait la seule façon pour les professionnels de se mettre à distance des conceptions technicistes.

Parallèlement à l'hégémonie techniciste et à la croyance dans la science des montages et des procédures, réapparaît une sorte d'orthodoxie dans l'utilisation des codes et des normes de la composition spatiale. Cette dernière reste généralement inscrite dans un processus de création qui place l'esthétique et la plasticité des propriétés spatiales au premier plan. Stimulée par un contexte où le pouvoir de l'image virtuelle est omniprésent, la composition architecturale et urbaine s'appuie plus que jamais sur les codes de la création artistique. Nous rejoignons à cet endroit l'analyse de Daniel Pinson (1993, p. 183) lorsqu'il souligne qu'une telle conception est à la fois une économie de réflexion, grave de conséquences, car elle se complait à penser l'habitant comme un être abstrait, et l'affermissement d'une tendance qui définit le travail de l'architecte, y compris dans le domaine du logement, comme quête exclusive de l'œuvre d'art, comme production recherchant l'exceptionnalité de sa performance et son exemplarité pour le reste de la production architecturale. Il ne s'agit pas là pour autant d'un réquisitoire contre la dimension artistique de l'urbanisme ou de l'architecture, bien au contraire, car l'esthétique est une valeur portée par la demande sociale. Notre critique porte moins sur l'intégration des critères esthétiques et plastiques dans la production de l'espace que sur leur prégnance occultant l'espace social. Comme le souligne à juste titre Daniel Pinson (1993, p. 184), l'art doit être apprécié pour la totalité de qualités de formes et d'usages, techniques, sociales et symboliques, qu'il offre dans le temps bref de l'extraordinaire comme dans le temps long du quotidien des pratiques urbaines et domestiques.

Dans ces conditions, l'architecte s'écarte manifestement de la vision perspectiviste de l'espace qui consiste à penser l'objet de sa pratique comme une action de fait sur l'environnement urbain. Ce qui supposerait d'opérer simultanément sur la définition architecturale de l'édifice et sur ses conditions d'insertion urbaine. Mais le regard des architectes sur la ville n'est pas le même que celui des architectes-urbanistes (J.-P. Frey[187], 1999). Les premiers cherchent toujours des « espaces libres » pour introduire les objets qu'ils projettent alors que les urbanistes ont tout de même le souci de composer avec l'existant pour statuer sur l'implantation d'opération dont ils assumeront le montage financier et institutionnel plutôt que la mise en œuvre (J.-P. Frey, 2000, p. 112).

En définitive, quelles que soient les perspectives dans lesquelles se placent les professionnels de l'urbanisme (techniciste, patrimoniale, artistique, etc.), une fraction importante d'entre eux converge quant au regard sur l'usage qui reste un « angle mort ». Les tentatives de renouveler leurs pratiques se cantonnent aux dimensions formelles et instrumentales et laissent quasiment intacte leur conviction que l'espace conçu s'amalgame à celui vécu et perçu par les individus. Les pratiques des concepteurs finissent par se confronter dans l'espace à celles des usagers qui par leurs appropriations vont alors « reconfigurer » et ajuster tant bien que mal l'espace produit, à leurs attentes. Il se construit ainsi un contre-espace (H. Lefebvre, 2000) selon un jeu d'échanges implicites entre les intentions des concepteurs et l'imaginaire des usagers, un jeu qui permet des identifications, entraîne l'indifférence, accepte la projection des sentiments les plus variés et favorise des

---

[187] FREY (Jean-Pierre), 1999, « Quand architectes et architectes-urbanistes parlent de la ville : deux définitions différentes de l'urbanisme ? », *in* BOUDON (Philippe), *Langages singuliers et partagés de l'urbain*, Paris, L'Harmattan, pp. 45-73.

interprétations successives (M. Bonetti, 1974, p. 22). Ainsi, lorsque le support spatial est neutre et n'offre pas de prise aux projections imaginaires, les modalités d'appropriation peuvent être considérablement restreintes. Philippe Boudon[188] pensait *a priori* que les réalisations les plus banales étaient les plus aisément transformables par les habitants. Il a, en fait, découvert que les modifications les plus importantes avaient été réalisées dans les constructions ayant des caractéristiques très marquées. L'investissement social d'un espace est d'autant plus problématique que celui-ci est rigide, fortement structuré et saturé de sens ; le sujet ne pouvant guère s'autoriser à perturber ou détourner un ordre aussi prégnant.

---

[188] BOUDON (Philippe), 1986, *Pessac de Le Corbusier, étude socio-architecturale 1929-1985*, Paris, Dunod-Bordas.

Conclusion de la deuxième partie

Renouvellement de l'urbanisme, à quelles conditions ?

Du côté de la participation

Nous avons conclu la deuxième partie de cet ouvrage par une relecture du jeu des acteurs à partir de la notion de gouvernance, une notion qui apparaît intimement liée aux conditions dans lesquelles s'organise la participation. Cette dernière se présente alors comme une nouvelle figure du management territorial et se décline selon deux perspectives opposées. La première cherche à associer la complexification de l'action publique urbaine au développement des dispositifs de la participation et à l'élargissement du débat public. Dans la seconde, les formes concrètes de la gouvernance urbaine, en particulier le développement du partenariat, tendent à limiter la participation au seul débat d'experts et à un recyclage des pratiques de la conduite de projet en vue d'aboutir à l'acceptabilité de la décision. Loin d'être porteurs d'un sens univoque, les dispositifs de participation sont susceptibles de s'inscrire de façons contradictoires et changeantes dans les configurations empiriques de la gouvernance urbaine (C. Lafaye, 2000).

Malgré la difficile conciliation entre démocratie représentative et démocratie participative (S. Dion[189], 1986), cette dernière est pourtant laissée à l'instigation des élus locaux. La loi[190] sur la démocratie de proximité conforte la maîtrise par les élus des dispositifs de la participation qui, du coup, peut s'en trouver neutralisée (F. Hannoyer[191], 2001). Nombreux sont les élus qui utilisent l'espace de la participation pour gagner en crédibilité et en légitimité, pour manipuler l'opinion et la façonner dans le sens de l'acceptabilité des

[189] DION (Stéphane), 1986, *La Politisation des mairies*, Paris, Economica.
[190] Loi Vaillant promulguée le 15 mai 2001.
[191] HANNOYER (François), 2001, « La loi sur la démocratie de proximité. Les Tenants d'un débat citoyen », dossier *Territoires*, n° 421, octobre 2001.

décisions, ou encore, pour justifier leur indécision. Dans ces conditions, le lobbying, l'instrumentalisation des structures associatives, ainsi que la monopolisation du dispositif par les seules couches moyennes, ne peuvent que conforter l'optique utilitariste de la participation. L'ensemble de ces écueils conduit forcément à des situations où l'impact de la participation sur l'action urbaine est faible ; des situations finalement propices, tant aux débordements qu'à la démobilisation des associations et des habitants qui, désillusionnés s'inscrivent encore plus dans « la grève civique » (J.-P. Garnier, 2003).

Lorsque la participation est, *a contrario*, dans une configuration où les élus locaux visent effectivement la démocratisation de la décision et l'élargissement du débat public, elle devient alors un espace d'apprentissage collectif. Un espace où le débat public se construit et prend forme à travers des tâtonnements et des ajustements réciproques qui conduisent à l'évolution des dispositifs initiaux (C. Lafaye, 2000). Ces processus ont, en fin de compte, un effet de retour sur la démarche participative et participe de sa démocratisation. Quand bien même, ils créent une interdépendance entre élus locaux et citoyens et ainsi, des incertitudes sur les résultats de la négociation entre les deux parties, en dernier lieu, les décisions prises agissent sur les représentations des protagonistes et donnent le sentiment d'un réel partenariat aux participants. La participation permet, en tout cas, de rendre plus explicites les enjeux et les stratégies d'acteurs, et d'accéder à la logique sociale des projets.

> *« On pourrait ainsi concevoir une définition de la démocratie urbaine comme précisément la vigilance à l'égard de la constitution des "boîtes noires" des projets de développement en tout genre et l'exigence d'explicitation des choix qui y sont engagés. »* (C. Lafaye, 2000).

L'accès du citoyen aux « boites noires » des projets lui donne les moyens de mesurer leur impact sur son existence quotidienne et de réagir face à une situation défavorable, contrairement à l'esprit des dispositifs participatifs conçus pour éviter les conflits. Nous rejoignons, pour notre part, l'hypothèse de Raymond Ledrut[192] sur le conflit / collaboration (1968, p. 71) comme dynamique nécessaire à la transformation de l'action publique locale. Cependant, le hiatus entre l'espace du débat avec les citoyens et celui de la décision ne disparaît pas pour autant et continue à rendre inconciliables deux logiques présentes dans les organisations publiques locales. D'un côté, une exigence démocratique orientée vers la libre expression de tous et, de l'autre, une exigence d'efficacité technique orientée vers la nécessité de mener à bien, dans un temps raisonnable, un certain nombre de projets et d'opérations (C. Lafaye, 2000).

Il faut toutefois rappeler que notre intérêt pour la démarche participative est particulièrement justifié par les incidences qu'elle a vraisemblablement sur les conditions de la réception sociale de l'urbanisme. Selon que les dispositifs de la participation s'inscrivent dans des perspectives de légitimation du projet ou, *a contrario*, de démocratisation et de co-production urbaine, les usagers se sentent tantôt exclus, tantôt acteurs d'un processus. Dans ce dernier cas, même si l'espace produit n'est finalement pas en totale adéquation avec les attentes des habitants, le sentiment d'avoir participé aux réajustements du projet pour préserver la vie sociale de son quartier, voire la renforcer, est sans doute, à l'origine de conditions plutôt favorables à la réception sociale de l'aménagement.

Selon son contenu, la participation va être, peu ou prou, à l'origine de mutations dans les représentations que se font les individus de leur quartier ou des acteurs institutionnels. Si nous considérons que les représentations sont déterminées à la fois par le sujet lui-même (son histoire, son vécu), par le système social dans lequel il est inséré et par la nature des liens que le sujet entretient avec le système social (J.-C. Abric[193], 1989, p. 188), alors toute transformation affectant ces paramètres se traduira dans les représentations. Ainsi, les rapports entre citadins ordinaires et acteurs institutionnels participent indénia-

---

192 LEDRUT (Raymond), 1967, *Sociologie urbaine*, Paris, PUF, coll. Le sociologue, 224 p.

193 ABRIC (Jean-Claude), 1989, « L'Etude expérimentale des représentations sociales » *in* JODELET (Denise) (dir.), *Les Représentations sociales*, Paris, PUF, 188 p.

blement aux liens qu'entretiennent les individus avec le système social et, du même coup, transforme leurs représentations. Lorsque les conditions de la participation tendent vers l'élargissement du débat public, elles agissent en même temps sur les représentations sociales des divers protagonistes, pour atténuer la défiance des uns et faire reculer les préjugés chez les autres. Les reproches des citoyens concernant le mépris ou la manipulation des élus font place à des revendications ciblées et l'amalgame fait place au discernement, tandis que la conviction des acteurs institutionnels de l'indifférence des premiers devient plus nuancée. Pour notre part, nous estimons que c'est là un des enjeux majeurs de la participation des citadins à la co-production de l'urbain. Pourtant, dans ce processus où le désabusement des citadins ordinaires par rapport à la politique recule, il reste tout de même un paradoxe : en même temps que la démarche participative permet la création d'un espace public de quartier qui assure des échanges symboliques entre certains citoyens et les décideurs, elle sert aussi de soupape de sécurité qui contribue indirectement au maintien d'un ordre social inégalitaire, et qui constitue par-là des formes renouvelées de contrôle social (M.-H. Bacqué, 2003, p. 209).

Du côté de la conception

Certes, les années de récession économique ont mis l'architecture et l'urbanisme en *stand by*, et les ont conduits ainsi à une attitude moins arrogante, voire frileuse. C'est à ce moment-là que des innovations en matière d'interdisciplinarité, d'études sociales, de participation, etc., ont été expérimentées pour certaines opérations. Mais, très vite, dès que les grandes opérations d'urbanisme[194] ont été relancées dans de nombreuses agglomérations, la dynamique de changement de l'urbanisme s'est essoufflée pour laisser place aux anciennes pratiques, remises au goût du jour.

> *« L'urbanisme retrouve ses bonnes consciences ; fragilisé, interrogateur, quelque peu autocritique, il avait lorgné du*

[194] La réhabilitation des grands ensembles, les opérations de renouvellement urbain, les projets liés aux tramways, etc.

côté des diversités sociales, de l'expérimentation, de l'urbanité. A peine secs dans les imprimeries, les textes qui célébraient ces "nouvelles" valeurs prennent un coup de vieux. » (M. Roncayolo, 1999, p. 24).

Aujourd'hui, si les architectes et les urbanistes adoptent généralement une position critique par rapport à l'urbanisme fonctionnaliste, ils ne proposent pas pour autant d'alternative crédible.

Toutefois cette période de crise a laissé des traces sur les pratiques des professionnels de l'aménagement. Sous la pression des incertitudes et des aléas divers, les professionnels cherchent alors à rompre avec la rigidité des procédures antérieures, pour inscrire leur démarche dans le pragmatisme. Ils privilégient alors la flexibilité, se donnent des marges de manœuvre et tentent de développer leur réactivité face aux opportunités nouvelles comme aux aléas. La vision simpliste de la temporalité du projet, correspondant à une chronologie linéaire avec un début et une fin, laisse progressivement place à l'idée de mécanismes complexes et permanents. En outre, les professionnels sont aujourd'hui contraints d'envisager l'articulation de leur champ avec plusieurs politiques (transport, habitat, emploi, etc.) et plusieurs domaines (social, économique, etc.). Même si certains d'entre eux restent persuadés de leur pouvoir exclusif sur l'espace et considèrent qu'ils sont les « chefs d'orchestre » de toute opération d'urbanisme, les professionnels, en général, admettent le concours d'acteurs divers et les approches transversales dans la pratique du projet. Ces changements n'empêchent pas pour autant les concepteurs de postuler à une transhistoricité (D. Pinson[195], 1993, p. 183) des lieux sur lesquelles ils interviennent.

Au demeurant, les changements observés affectent essentiellement la démarche, sans conduire les professionnels de l'aménagement à rompre fondamentalement leur enfermement dans la culture techniciste ou artistique qui fait de l'usage un « angle mort ». Leurs pratiques traduisent alors, tantôt une fascination récurrente pour la mode, tantôt des

---

[195] PINSON (Daniel), 1993, *Usage et architecture*, Paris, L'Harmattan, coll. Villes et Entreprises, 190 p.

frilosités, notamment à travers le fétichisme du patrimoine bâti. Dans son ouvrage *L'allégorie du patrimoine*[196] (1999), Françoise Choay met en cause l'architecture et son changement de statut et de vocation sous l'injonction des nouvelles technologies et leur impact sur le milieu bâti des sociétés de la deuxième moitié du XXe siècle. L'appropriation des nouvelles technologies par l'architecte ou l'urbaniste correspond moins à la compréhension de la fonction sociale de ces innovations, qu'à la fascination du professionnel pour la technique. Animé par une représentation techniciste de ces innovations, l'architecte est d'autant plus encouragé à concevoir les édifices comme des objets techniques autonomes, libérés de leur contexte, qu'il les envisage dans le réseau virtuel. Par ailleurs, pour mettre en œuvre toutes les ressources de l'assistance électronique et de la virtualisation des images de l'édifice, l'ingénieur[197] va progressivement se substituer à l'architecte qui du coup est réduit à un simple producteur d'images.

Le pendant de cette fascination des architectes pour les nouvelles technologies est sans doute leur engouement pour le patrimoine bâti. Ces tendances, dont les traits sont forcés, se traduisent également selon des pratiques plus nuancées où les concepteurs tentent une conduite professionnelle nouvelle par rapport au tissu urbain existant. Pour autant, ce regain d'intérêt pour la ville existante continue généralement à produire les mêmes logiques de rénovation et de réhabilitation, des logiques où le patrimoine social reste un « angle mort ». Cette optique éloigne les professionnels d'une approche contemporaine du patrimoine qui se doit de synchroniser les réflexions et l'action sur d'un côté, la conservation de la typo–morphologie, la réinterprétation et l'évolution des usages et de l'autre, sur l'urbanité, les sociabilités et les mécanismes socio-économiques (M. Roncayolo, 1999). Du reste, échaudés par les échecs antérieurs et afin de se prémunir des

---

[196] CHOAY (Françoise), 1999 (1re éd.), 1992, *L'Allégorie du patrimoine*, Paris, Seuil, 270 p.

[197] Gabriel Dupuy avait déjà souligné que les recompositions professionnelles issues de l'introduction de la technique en urbanisme profitaient d'abord à l'ingénieur. DUPUY (Gabriel), 1978, *Urbanisme et technique. Chronique d'un mariage de raison*, préface de Pierre Merlin, Centre de Recherche d'Urbanisme, 420 p.

risques face aux nombreuses incertitudes, les concepteurs se tournent du côté de la morphologie urbaine moins pour ce qu'elle recèle de possibilité d'ancrage et de capital social, que pour l'effet rassurant de formes ayant fait leur preuve. Si cette démarche prétend se démarquer de la table rase du Mouvement moderne et s'accrocher à une valeur sûre : le tissu ancien, elle n'en est pas moins la manifestation de frilosités chez les professionnels de l'urbanisme.

A cet endroit, on ne peut manquer d'évoquer la terrible thèse de Françoise Choay (1999) sur le dépérissement de la compétence d'édifier de notre société contemporaine. Selon l'auteur, ce processus, est synchronique à l'affirmation de l'hégémonie mondiale des réseaux techniques. La culture du patrimoine servirait à conjurer et à occulter cet événement traumatique. L'auteur définit la compétence d'édifier comme une démarche résolument fondée sur la dialectique entre l'historicité du lieu, sa morphologie et son appropriation sociale.

> *« J'appellerai compétence d'édifier la capacité d'articuler entre eux et avec leur contexte, par le truchement du corps humain, des éléments pleins ou vides, solidaires et jamais autonomes dont le déploiement à la surface de la terre et dans la durée fait sens, simultanément pour celui qui édifie et pour celui qui habite [...] »* (F. Choay, 1999, p. 190).

Il est vrai que la fascination des architectes et urbanistes pour les réseaux et la mode urbanistique qu'ils font apparaître, conduisent inévitablement à faire l'impasse sur la compréhension des processus de stratification historique et sur les enseignements qu'ils offrent pour rendre intelligible le présent.

> *« Le risque, en perdant de nouveau le contact de l'histoire, est d'oublier le sens de la complexité des entrelacements urbains au profit d'une exploitation ou d'une gestion sophistiquée sans doute, apparemment savantes, mais tout simplement linéaires. »* (M. Roncayolo, 1999, p. 25).

Du côté de la connexion avec les sciences humaines

Le retranchement des professionnels de l'architecture et de l'urbanisme dans l'univers plastique des formes et des styles, dans la performance technique et dans une définition–légitimation normative et somme toute totalitaire des besoins humains (M. Roncayolo, 1999, p. 22), laisse difficilement la place à des points de rencontre avec les sciences humaines. Pourtant cette connexion peut permettre aux architectes et aux urbanistes un débat de fond sur leur profession. Bernard Huet (1981, p. 8) soulignait à juste titre que les querelles de style permettaient aux architectes d'oublier leur marginalisation progressive et les dispensaient de poser les véritables problèmes dont dépend la survie de l'Architecture. Les choses n'ont pas beaucoup évolué depuis cette analyse des années 1980, puisque le corps des architectes continue à se présenter selon deux groupes distincts. Le premier fait de l'architecture un phénomène de mode,

> *« [...] comme cet objet de vitrine luxueux et un peu inutile destiné essentiellement à alimenter les revues de l'élite cultivée et les galeries d'art, à conforter la politique de prestige d'un Etat, d'une municipalité ou d'un parti politique, à garantir l'image culturelle et publicitaire d'une firme automobile, d'une chaîne de grands magasins. »* (B. Huet, 1981, p. 8).

Pendant que le second groupe considère que l'architecture est un service public dont le corps social dans son ensemble porte la responsabilité.

Seulement, placer l'architecture ou l'urbanisme dans la perspective de service public suppose forcément l'instauration de ce débat de fond sur la profession ; un débat qui requiert à son tour les sciences humaines.

> *« Le regard des sciences humaines devrait au moins enseigner aux décideurs et aux praticiens, à distinguer les remous cycliques et les aller et retour idéologiques de longues tendances. »* (M. Roncayolo, 1999, p. 23).

La connexion avec les sciences humaines est d'autant plus nécessaire que les expériences tentées s'essoufflent dans l'isolement, faute d'évaluation des processus enclenchés. Dans ces conditions, mêmes lorsque ces professions manifestent des changements dans leurs démarches, comme tenter de jouer le rôle de médiateurs auprès des usagers ou de comprendre l'organisation sociale du lieu où ils interviennent, en l'absence de débat et de dynamique d'ensemble, l'inertie des traditions finit par les rattraper.

Il est vrai que l'embrayage des sciences sociales sur la pratique professionnelle ne va pas de soi, notamment quand il s'agit de traduire des données sociologiques relatives à l'usage, dans l'organisation de l'espace. Un travail de recherche[198] sur les usages de la gare de banlieue pour le compte de la RATP[199] a tenté d'apporter quelques pistes de réflexion sur le sujet. L'attention portée par les chercheurs aux conditions de communication et d'explicitation des résultats avait fini par convaincre les responsables de la nécessité de prendre en compte les pratiques des usagers, mais la difficulté résidait dans l'organisation de l'espace en fonction de cette donnée. Hormis les différences de langage et de représentation, l'obstacle le plus important était celui de la dichotomie entre la gare des spécialistes du transport, envisagée comme un point dans un réseau de trafic et un embranchement de circuit où prévalent les normes (circulation, sécurité, contrôle...) et celle des usagers. Les chercheurs avaient alors tenté des médiations entre deux dimensions *a priori* inconciliables et introduit tant bien que mal un certain nombre d'idées relatives aux usages dans la réflexion sur l'organisation de l'espace.

L'histoire récente de l'urbanisme est pourtant jalonnée d'expériences où les interventions se sont appuyées sur les informations produites par les sciences sociales. Au-delà des ambiguïtés du rapport entre savoir et pouvoir chez Le Play[200], sa démarche intéresse nos questionnements parce qu'elle œuvrait dans le sens de décloisonner les domaines des praticiens et des professionnels de la culture intellectuelle et de mettre les connaissances à l'épreuve des pratiques par le biais de l'ingénierie sociale

---

198 FREY (Jean-Pierre), RAYMOND (Henri), TROUARD RIOLLE (Hedwige), 1978, *Usagers, recherche, utilisateurs*, LASSAU, DGRST, Ministère des transports, août 1978, 189 p.
199 RATP Régie Autonome des Transports Parisiens.
200 LE PLAY (Frédéric), 1877-1879, *Les Ouvriers européens*, Tours, Mame, 6 volumes.

et de l'expérimentation sociale. Ainsi chez les leplaysiens[201], les modes d'analyse des faits sociaux sont mis en place dans la perspective d'informer les initiateurs des opérations à mener, notamment en matière de politique du logement. Par ailleurs, certains urbanistes, tel que Gaston Bardet, avaient également porté, dans leurs analyses de l'espace urbain et dans leurs propositions d'aménagement, un regard original sur l'organisation sociale. Comme le montre Jean-Pierre Frey[202] dans un article consacré à cet urbaniste, la démarche de ce théoricien a valeur d'exemple : il avait, en effet, préféré la posture inconfortable des intellectuels qui refusent de s'inscrire dans les courants de pensée dominants ou à la mode. Gaston Bardet était alors considéré comme un urbaniste pluridisciplinaire qui mobilisait tout à la fois, les savoirs de la philosophie, de l'histoire, de la géographie, de l'archéologie, de la sociologie, de la démographie et des sciences humaines en général. Il précisait ainsi la nature de la démarcation entre architectes et urbanistes, en rattachant le champ de l'urbanisme aux sciences sociales.

---

[201] Lire à ce sujet l'ouvrage de KALAORA (Bernard), SAVOYE (Antoine), 1989, *Les Inventeurs oubliés. Le Play et ses continuateurs aux origines des sciences sociales*, Champ Vallon, Seyssel, coll. Milieux, préface de MARIE (Michel), 293 p.

[202] FREY (Jean-Pierre), 1999, « Gaston Bardet. L'espace social d'une pensée urbanistique », *Les Etudes sociales*, n° 130, *Voyages d'expertise*, 2e semestre, pp. 57-82.

LA RECEPTION SOCIALE DE L'URBANISME

La partie présente mérite que l'on rappelle brièvement les termes de la démonstration fondée sur l'idée de dialectique entre production et usage de l'espace. Ainsi, toute intervention urbaine a des incidences sur l'organisation sociale et pour rendre compte des effets induits, le regard doit porter sur les conditions d'appropriation de l'espace par les individus. Les usages réinterprètent l'espace conçu dans une dynamique de rectification et d'adaptation, à la base d'une recomposition sociale de l'espace. Par ailleurs, les formes d'appropriation et de réception de l'urbanisme sont inscrites, pour une grande part, dans les figures même de l'urbanisme. L'analyse des usages permet de percevoir les effets proprement sociaux de l'instrumentalisation de l'espace et de faire apparaître du même coup une sorte « d'angle mort » de la visée opérationnelle des acteurs institutionnels.

Après avoir examiné, dans un premier temps, les conditions politico urbanistiques de la réception sociale de l'urbanisme, la partie suivante boucle la démonstration en abordant les effets sociaux induits et, du même coup, met en exergue les processus de recomposition sociale de l'espace. La partie suivante présente, plus particulièrement, la réflexion sur les conditions d'appropriation de l'espace qui révèlent en premier lieu la construction sociale du quartier et les spécificités des groupes sociaux et de leurs rapports. Elle porte en filigrane la question des effets de l'urbanisme sur la vie sociale du quartier et rend compte des interactions entre les groupes sociaux, de leurs représentations et de la façon dont tout ça opère sur les formes de cohabitation. En second lieu, l'examen des formes d'appropriation fait apparaître les rectifications/adaptations auxquelles les habitants doivent se livrer pour « reconfigurer » l'espace et le mettre en conformité avec leur habitus.

La réflexion sur les conditions d'appropriation des individus suppose alors d'accéder à l'habitus[203] en tant que principes générateurs et organisateurs de pratiques et de représentations

[203] « *L'habitus est entendu comme un système de dispositions durables et transposables qui intégrant toutes les expériences passées fonctionne à chaque moment comme une matrice de perceptions, d'appréciations et d'actions.* » (P. Bourdieu, 1972, p. 118).

(P. Bourdieu[204], 1994, p. 88). Autrement dit, pour comprendre les représentations des individus et leurs formes d'occupation et de transformation de l'espace, ainsi que les significations sociales qu'ils y accrochent, il s'agit, à partir du concept d'habitus, de reconstruire le capital de schèmes informationnels qui permet aux gens de produire des pensées et d'agir. Dans le présent travail, la notion d'habitus autorise trois hypothèses. La première s'appuie sur l'idée que ce concept est capable d'inventer, en présence de situations nouvelles, des moyens nouveaux de remplir les fonctions anciennes (P. Bourdieu, 1994, p. 91) et porte sur la coprésence dans le quartier de plusieurs classes d'expérience, donc des classes d'habitus (P. Bourdieu[205], 2002, p. 75). Ainsi oserons-nous dire que l'interaction de longue date des classes d'habitus d'individus issus, d'un côté, du milieu ouvrier, et de l'autre, de couches moyennes induit des processus d'ajustement et d'adaptation qui finissent, à terme, par imprimer l'expérience collective du quartier.

> *« Les ajustements qui sont sans cesse imposés par les nécessités de l'adaptation à des situations nouvelles et imprévues, peuvent déterminer des transformations durables de l'habitus, mais qui demeurent dans certaines limites : entre autres raisons parce que l'habitus définit la perception de la situation qui le détermine. »* (P. Bourdieu, 2002, p. 135).

Dans cette perspective, pouvons-nous envisager que l'expérience collective des quartiers centraux anciennement ouvriers, souvent désignés de village, finit par influer sur les habitus individuels au point d'aboutir à un être ensemble[206] ?

La deuxième hypothèse et la plus importante porte sur les rapports entre habitus et conditions d'appropriation de l'espace

---

[204] BOURDIEU (Pierre), 1994, *Le Sens pratique*, Paris, Les Editions de Minuit, coll. Le sens commun, 474 pages.

[205] BOURDIEU (Pierre), 2002 (1re éd. 1984), *Questions de sociologie*, Paris, Les Editions de Minuit, coll. Repères, 277 p.

[206] Le terme est emprunté à Marie-Christine Jaillet qui le définit comme la capacité des individus à fabriquer des règles communes et à intégrer le différent. JAILLET (Marie-Christine), 2002, « Ces Quartiers dont on parle », *Les « 5 à 7 »*, n° 3, publication *Profession banlieue*, Centre de ressources pour la politique de la ville en Seine-Saint-Denis, intervention retranscrite par MADELIN (Bénédicte).

par les individus. L'habitus représente les forces formatrices d'habitudes qui se codifient, se formalisent et servent de système de reproduction aux pratiques sociales. Ce système de référence et de représentation intériorisé guide l'action des individus dont le résultat peut ne pas être en conformité avec les schèmes pratiques intériorisés, car ils actualisent leurs gestes et composent avec la réalité matérielle. L'appropriation de l'espace par le citadin se situe précisément dans ce processus de compromis entre, d'un côté, l'habitus et, de l'autre, la mise en œuvre pratique des activités dans la vie quotidienne. Autrement dit, l'appropriation est une sorte de stratégie de mise en conformité, d'adaptation et d'ajustement des lieux et/ou aux lieux, selon un modèle intériorisé. L'examen des modes d'appropriation, entendus comme un ensemble de pratiques qui attribuent, accrochent et projettent des significations sociales et symboliques dans l'espace, peut révéler des décalages manifestes entre organisation spatiale et conditions d'usage des lieux. Enfin, la troisième hypothèse en relation avec la précédente porte sur les effets de situations qui contrarient l'habitus, notamment ceux d'une organisation urbaine ou de dispositions spatiales rendant l'appropriation fastidieuse.

> *« La "situation" est, d'une certaine façon, la condition permissive de l'accomplissement de l'habitus. Lorsque les conditions objectives de l'accomplissement ne sont pas données, l'habitus contrarié, et continûment, par la situation, peut être le lieu de forces explosives (ressentiment) qui peuvent attendre (voire guetter) l'occasion de s'exercer et qui s'expriment dès que les conditions objectives [...] en sont offertes. »* (P. Bourdieu, 2002, p. 135).

Dans bien des cas aujourd'hui, sans doute, assiste-t-on à une forme de recomposition particulière du quartier populaire ancien. Si ce dernier ne correspond plus à la figure du quartier populaire où s'articulaient une identité sociale, un ancrage local et un rapport politique, il n'en constitue pas moins, sous une autre forme, un territoire support de pratiques collectives, de mémoire et d'identité (M.-H. Bacqué, Y. Sintomer[207]). Dans cette démarche, le concept de longue durée cher à Fernand Braudel prend tout son sens. Il permet, en particulier de soutenir l'idée d'une certaine pérennité de la structure de l'espace des quartiers populaires, malgré les transformations dont ils ont pu faire l'objet au fil du temps. Il s'agit en fait de lieux dont la consistance sociale et l'épaisseur historique présentent des résistances aux transformations, du moins à celles qui n'ont pas le caractère radical des rénovations. Par conséquent, les habitants continuent autant qu'ils le pourront à user de l'espace selon cette structure, tandis que certaines transformations seront, pour un temps, vécues comme une contrariété.

> *« Une structure est sans doute assemblage, architecture, mais plus encore une réalité que le temps use mal et véhicule très longuement. Certaines structures, à vivre longtemps, deviennent des éléments stables d'une infinité de générations : elles encombrent l'histoire, en gênent, donc en commandent l'écoulement. »* (F. Braudel, 1969, p. 50).

Ces micro-territoires font apparaître, d'un côté, les représentations du milieu populaire, notamment chez les anciens du quartier (généralement issus du milieu ouvrier) qui continuent à fonctionner selon leur système de valeurs, même s'ils ont conscience qu'il est fortement érodé et, de l'autre côté, les couches moyennes, anciennement ou récemment installées dans le quartier, qui ont en tête leurs normes, mais aussi le mythe idéalisé des valeurs populaires. C'est de cette combinaison de représentations et de valeurs diverses que vont naître des normes collectives fondatrices d'une identité urbaine fédératrice, désignée selon les individus de quartier, de village ou de communauté. L'identification collective des individus et leur ancrage territorial ne signifie nullement que le quartier est un lieu neutre, où les tensions sociales peuvent être résorbées et l'habitant placé au-dessus des conflits sociaux, comme l'a suggéré, par exemple, le catholicisme social de l'après-guerre. Il s'agit là d'une perspective qui soutient l'idée

[207] BACQUE (Marie-Hélène), SINTOMER (Yves), 2002, « Peut-on encore parler de quartiers populaires ? », *Espaces et sociétés*, n° 108-109, pp. 29-46.

d'affaiblissement des tensions sociales, inscrite dans des représentations consensuelles de la société. Pour notre part, nous sommes dans une posture qui envisage les conflits sociaux et la confrontation entre groupes sociaux comme une dynamique du territoire. Il est vrai que, souvent, le discours des habitants se veut traduire une image valorisante de leur quartier. Il témoigne d'une volonté de croire au contrat social qui est sensé régir la communauté de voisinage, mais il n'en dévoile pas moins les brèches, notamment à travers le regard, pour le moins exclusif, porté sur les immigrés.

Pour des commodités d'analyse, l'appropriation de l'espace est envisagée comme une matrice à trois dimensions, fortement articulées entre elles : d'abord, celle de la matérialité des usages (fréquentations, déplacements, évitements, flâneries, courses, etc.) ; ensuite, celle des représentations, des valeurs et des significations que les individus accrochent à l'espace (valorisation, convivialité, communauté, etc.) ; et enfin, celle des projections imaginaires et symboliques qu'ils y opèrent. La psychologie de l'espace aborde cette dernière dimension en distinguant dans la perception de l'espace par les individus, le réel, l'imaginaire et le symbolique[208]. Le réel correspond à la description des caractéristiques physiques de l'espace et à ses propriétés spatiales. L'imaginaire, tout en faisant abstraction du réel, s'en nourrit pour recourir au fantasme. Le symbolique accroche des représentations au sens des mots : *« le quartier est un village »*. Bien entendu, les représentations interfèrent dans la perception du réel. Si la représentation est une reconstruction subjective de lieu et la perception davantage axée sur le réel, elles n'en sont pas moins inscrites, toutes les deux, dans une dialectique. La perception du réel ne peut donc pas être objective et, tout en restant tributaire des représentations, soulignera les éléments spatiaux qui confirment une construction sociale *a priori*. De la même façon, au-delà de la commodité que présente pour l'analyse la distinction entre le

[208] DOSDA (Pierre), FISCHER (Gustave Nicolas), VINCENT (Bruno), 1999, « La Perception de l'espace : mieux comprendre l'espace vécu », *Une autre lecture de l'espace public : les apports de la psychologie de l'espace*, Lyon, CERTU.

réel, l'imaginaire et le symbolique, ces registres apparaissent fortement imbriqués dans l'appropriation de l'espace. Selon la psychologie de l'espace, les propriétés de la perception topographique par le sujet se détermineraient par un champ de forces, de pulsions, de motivations, d'attraction et de répulsion dans un espace tantôt imaginaire, tantôt réel.

L'appropriation par la population de l'espace aménagé finit pas donner sens et naissance à une « configuration » des lieux ; une « topographie » nouvelle qui se superpose à l'organisation physique de l'espace. Spécifier cette forme de réinterprétation sociale des dispositions spatiales produites par l'aménagement permet du même coup de faire apparaître les espaces qui opposent des contraintes à l'appropriation des résidants ; les espaces qui n'ont pas d'emblée la capacité à être investis socialement. Du coup, la mise à l'index de ces espaces par la population renvoie aux logiques qui ont prévalu lors de leur conception. A ce moment-là, la réception sociale de l'urbanisme met particulièrement en jeu les représentations du concepteur et celles de l'habitant, dans leur rapport à l'espace. Le concepteur opère selon la rationalité des normes et des règles liées à sa profession et prête tacitement cette rationalité à l'être habitant qui, lui, vit selon une autre raison basée sur le sens de son appropriation. Considérer que, quels que soient les aménagements, l'espace finit toujours par être au bout du compte investi socialement, justifie chez les concepteurs la dichotomie qu'ils opèrent entre l'espace de la création architecturale et urbaine et celui des usages. Cette vision fait l'impasse sur la violence symbolique que subissent les populations dans les processus d'ajustement qu'elles tentent sur les dispositions spatiales ne permettant pas de compromis satisfaisant. Dans ce cas de figure, les conditions sont réunies pour voir apparaître des processus revendicatifs, voire des débordements sociaux (M. Bonetti, 1974, p. 197).

I. NOUVELLE FIGURE DU QUARTIER POPULAIRE ?

Le chapitre suivant fait écho à l'analyse de Marie-Hélène Bacqué et Yves Sintomer (2002) sur les formes de recomposition des quartiers populaires. La démonstration des auteurs sur les conditions de la disparition du quartier populaire traditionnel à dominante ouvrière, décrit en 1966 par Henri Coing, nous semble généralisable et peut, sans doute, expliquer en partie les mutations qui ont touché d'autres anciens faubourgs ouvriers. Cependant, les formes de recomposition à l'œuvre dans les anciens faubourgs ouvriers et dans les quartiers de l'ancienne banlieue rouge parisienne n'aboutissent pas aux mêmes figures de quartiers populaires. La cité de la banlieue rouge parisienne, nous disent les auteurs, rompt avec le fonctionnement du quartier traditionnel et l'ancien groupe ouvrier est déstructuré, incapable alors d'imposer une norme dominante et des représentations de groupe unifié. Elle n'en constitue pas moins, sous une autre forme, un territoire support de pratiques collectives, de mémoire et d'identité. En revanche, grâce à des dynamiques urbaines spécifiques, les anciens faubourgs ouvriers qui se sont retrouvés proches des centres et ont pu maintenir en partie leur peuplement ont évolué différemment. Dans ces cas-là, le groupe ouvrier ancien continue à influer sur les représentations du quartier, davantage par ses normes que par son importance numérique. Convivialité et potentiel de solidarité sont parmi les normes qui attachent ou rallient d'autres groupes sociaux au quartier, pour finalement constituer avec les anciens une nouvelle communauté de voisinage. Les différences dans les formes de recomposition des quartiers populaires traditionnels et les nouvelles figures auxquelles elles donnent lieu, sont liées sans doute aussi aux conditions politiques et sociales de transformation de ces espaces, par exemple à celles qui ont prévalu dans les politiques de peuplement des grands ensembles et dans l'urbanisme autoritaire des rénovations. Epargnés par ces transformations brutales, de nombreux quartiers, notamment les faubourgs ouvriers, se sont retrouvés au fil des mutations de la ville dans une situation de centralité, caractérisée par une bonne desserte en transports collectifs, de nombreux équipements et services etc. La centralité, conjuguée aux coûts relativement économiques de l'immobilier, est vraisemblablement la raison profonde de la gentrification de ces quartiers qui deviennent ainsi un compromis résidentiel pour les couches moyennes fragilisées dans leur ascension sociale. Ces raisons ne sont cependant pas explicites dans leur discours, qui met plutôt l'accent sur leur quête du village et de la culture populaire en tant que norme urbaine.

La notion de quartier et surtout celles de village et de communauté s'imposent, pour ainsi dire, à l'analyse par leur récurrence dans le discours des usagers. Bien que ces notions aient des significations diverses selon les groupes sociaux, elles convergent généralement chez les résidants vers des représentations fédératrices qui cherchent à refléter le désir d'un être ensemble et d'une cohabitation entre des personnes du milieu populaire et celles issues de couches moyennes. Chaque couche sociale entreprend alors de tirer avantage de cette cohabitation par la valorisation qu'elle apporte aux uns, l'acquisition de positions sociales et le sentiment de sécurité qu'elle permet aux autres et la foi dans les ressources de solidarité qu'elle donne à tous. Dès lors, cette interdépendance devient la base d'un processus d'identification collective dont le fondement apparaît comme un contrat social tacite qui commande les interactions par la reconnaissance et le respect. Les représentations valorisantes conduisent les individus à identifier totalement la vie sociale du quartier à ses propriétés spatiales. Ils considèrent volontiers le caractère composite du quartier (diversité de l'habitat et des activités), la centralité (équipements, accessibilité, dynamisme, etc.) et la qualité des espaces, comme des vecteurs de la vie sociale et de la convivialité. Des conditions qui correspondent à un aménagement par touches successives s'écartant de l'urbanisme autoritaire et, où toute intervention est menée dans le souci de ne pas perturber la vie sociale, mais au contraire de lui donner les moyens matériels de la convivialité. Au regard de la territorialité ouvrière des quartiers populaires traditionnels, de sa prégnance sur les rapports sociaux, voire de son caractère attractif sur d'autres groupes sociaux, on mesure à quel point les actions publiques urbaines pour lesquelles cette réalité sociale reste invisible peuvent avoir des effets désastreux.

Les individus ont parfaitement conscience qu'une demeure et son environnement reflètent une position sociale acquise ou convoitée. Leurs stratégies vont alors chercher à concilier le choix du logement avec celui de sa localisation. Dans cette optique, le quartier, en tant que micro-territoire à géométrie variable chez les citadins, ne peut répondre à cet objectif et faire l'objet d'une totale maîtrise de leur part que s'il est intégré à la structure urbaine de la ville, notamment dans son rapport à la centralité. La localisation des individus dans la ville relève, d'une part, de leur plus ou moins grande maîtrise de la morphologie socio-spatiale de la ville, elle-même fonction de l'ancienneté de leur socialisation et, d'autre part, de leurs stratégies pour échapper aux risques de marginalisation. L'image valorisée du quartier est souvent construite en opposition aux secteurs urbains qui souffrent de déficit de centralité. Plus que les éléments de confort offerts par la centralité, le discours des individus reflète surtout sa dimension symbolique et le fait qu'elle soit vécue comme une instance de reconnaissance sociale. La centralité condense et cristallise, sans doute, les valeurs accrochées au quartier et offre un espace public, dont la spécificité d'être davantage accessible à tous et partageable par tous, en fait le théâtre privilégié de la vie sociale et de l'être ensemble. La coprésence, le frottement et les interactions avec les autres citadins qu'occasionne la centralité sont également perçus comme une parade contre l'isolement social. En tout cas, des attributs qui, selon Jean Rémy[209] et Liliane Voyé (1981, p. 86) distinguent le centre urbain d'un centre d'achat qui n'est jamais sujet d'identification collective ni support de mémoire collective. La centralité devient ainsi un lieu de médiation entre les individus parce qu'il est porteur de signes et de valeurs.

---

[209] REMY (Jean), VOYE (Liliane), 1986, *Ville, ordre et violence*, Paris, PUF.

1. Le quartier : sens et pratiques

Entre le quartier issu du découpage administratif et institutionnel, celui des créations savantes d'architectes et d'urbanistes ou celui dit sensible de la Politique de la Ville, le terme, polysémique, polymorphe et, en tout cas, galvaudé, apparaît dans tous les discours sur la ville. Selon Pierre Sansot[210] (1999, p. 253), ces discours donnent, tour à tour, *l'illusion géométrique* du découpage en sections ; *l'illusion administrative* des divisions pour régner, *l'illusion psychosociologique* de la démarche statistique, *l'illusion fonctionnaliste* du listing de fonctions. La démarche ici cherche à s'écarter de ces « illusions » pour regarder plutôt du côté de l'organisation sociale et notamment des catégories mobilisées par les habitants eux-mêmes pour donner sens au quartier. Elle gomme alors la stricte dichotomie entre le social et le spatial, entre le tissu et les acteurs, des dimensions qui ne représentent jamais que les deux faces, les deux aspects d'un même phénomène.

En tout cas, le quartier garde une place importante aux yeux des individus parce qu'il répond à leurs besoins d'ancrage et de proximité. Ils expriment aujourd'hui chez le citadin ordinaire le pendant symétrique de l'éclatement de ses mobilités. Il reste le lieu de l'enracinement et de l'ancrage : une sorte de port d'attache devant l'immensité du monde devenu accessible ; un lieu de ressourcement et de régénération nécessaire à l'individu pour affronter la ville et le monde dans ce qu'ils ont d'étrange et d'exotique. La référence symbolique au village traduit justement une sorte de quête de lieu idéalisé qui devrait permettre aux citadins de gérer les oppositions, entre ancrage et mobilité et entre proximité et vastitude de l'espace urbain. Le quartier dans sa figure de village rassure, sécurise et donne à ceux qui doivent se lancer dans la course quotidienne le sentiment d'une solution de repli. Les difficultés de maîtrise de la ville, qui ne cesse de grandir, sont aussi à l'origine de l'apparition d'une nostalgie pour le village auquel le quartier est identifié, notamment chez les personnes âgées. Le quartier dans

[210] SANSOT (Pierre), 1999 (1re éd. Klincksieck, 1971), *La Poétique de la ville*, Paris, Armand Colin, 420 p.

cette quête de village prend alors valeur de refuge, selon la formulation de Pierre Sansot.

> *« [...] le quartier représenta la maintenance du village, un de ces lieux où l'on a encore prise sur l'espace, où l'on possède une place assignée avant toute convention ou toute initiative de notre liberté. Un refuge. »* (1999, p. 263).

L'ancrage est d'autant plus important dans un territoire de connaissance et d'interconnaissance, comme le sont souvent les quartiers anciennement ouvriers. Malgré les transformations socio-spatiales inhérentes à la désindustrialisation, tout un passé de labeur, toute une histoire locale, dans leurs moments les plus marquants, restent une réalité symbolique et commandent de nombreux comportements quotidiens. L'appartenance à un quartier, lorsqu'elle est corroborée par l'appartenance à un groupe social spécifique, devient une marque qui renforce le processus d'identification d'un groupe déterminé (M. de Certeau, L. Giard, P. Mayol, 2003a, p. 69). Ce processus est d'autant plus important dans les quartiers populaires que les nouvelles installations concernent en partie les enfants d'ouvriers, qui souvent, par le truchement de la formation, ont pu procéder à leur ascension sociale et atteindre une position sociale plus élevée que les parents, notamment celle de cadre. Pour ces derniers, le groupe d'appartenance coïncide généralement avec le groupe de référence (R. Boudon[211], 2004), tandis que pour de nombreux cadres issus d'autres couches sociales qui ont choisi de s'installer dans ces quartiers, le milieu ouvrier constitue un groupe de référence. La convivialité qu'ils perçoivent au sein du quartier est alors systématiquement associée à l'héritage légué par son histoire ouvrière. Dans ces cas là, il ne s'agit pas de la prépondérance proprement numérique du groupe social ouvrier, mais plutôt de son empreinte sur les rapports entre milieux locaux. Il imprime alors l'image du lieu, les modes de vie et parfois, les processus même de peuplement.

La question de fond soulevée par les recompositions qui s'opèrent dans le quartier populaire ayant fait l'objet d'une

---

[211] BOUDON (Raymond), 2004, « Adaptation sociale », *Encyclopédie Universalis*, version 9.

intervention urbaine est d'abord celle de leurs conséquences sur les sociabilités des résidants. Etant entendu que les formes de sociabilité entre les individus concourent à octroyer au quartier sa valeur sociale. On assiste, en effet, dans la recomposition du quartier traditionnel populaire, à la disparition d'un système de sociabilités caractéristique de la communauté ouvrière[212], dont l'intensité des relations de quartier a comme revers un contrôle social parfois pesant (M. H. Bacqué, Y. Sintomer, 2002), et à sa substitution par un système diffus qui intègre d'autres groupes sociaux, diversifie les formes du lien social, élargit leur territorialité et affranchit les individus des contraintes communautaires. Cette diversification des formes de sociabilité est également fonction de la catégorie sociale, du genre et de l'âge, et concerne plusieurs échelles (immeuble, quartier, ville, agglomération, etc.). L'ensemble de ces formes de sociabilité participent, chacune à sa manière, de la constitution du capital social du quartier, mais celles qui prennent effet dans les lieux résidentiels et au sein de l'action collective tiennent, somme toute, une place particulière.

En général, les sociabilités résidentielles se limitent à une simple courtoisie entre voisins d'immeuble, mais s'épanouissent au sein des espaces publics. La proximité des voisins de l'immeuble n'offre, sans doute, pas les mêmes possibilités de gérer et de trier les relations, comme au sein du quartier. Une translation se fait vers les espaces publics où les relations sont d'abord tissées avec les commerçants, les forains du marché, les tenanciers de bars et les serveurs qui jouent le rôle de médiateurs entre résidants de toute condition et de tout âge. C'est surtout dans ces lieux de consommation que s'échangent les informations et transite un véritable réseau d'entraide (soutien scolaire, assistance à personnes âgées, emplois pour les jeunes, etc.). Les sociabilités associatives qui concernent les résidants de toutes conditions, même lorsqu'elles dépassent le territoire du quartier

[212] L'ouvrage de MAGRI (Suzanna), TOPALOV (Christian) (dir.), 1989, *Villes ouvrières : 1900-1950*, Paris, L'Harmattan, décrit bien ces formes de sociabilités populaires à travers lesquelles la proximité géographique est la base de la constitution de solidarités. Solidarités qui tiennent lieu de *filet de sécurité* envers les aléas de l'existence, selon CASTEL (Robert), 1995, *Les Métamorphoses de la question sociale. Une chronique du salariat*, Paris, Fayard, coll. L'espace du politique, 813 p.

contribuent à en constituer le capital social. La préparation, l'organisation et la participation aux manifestations sportives, culturelles, de loisirs, etc. qui sont de véritables événements dans la vie des individus, cristallisent des sociabilités opérantes dans la valorisation de soi et dans l'identification tant au quartier qu'à la ville. Les associations qui sont à l'initiative de l'action collective des habitants sur leur cadre de vie font l'objet d'un investissement variable de leur part, tandis que l'encadrement reste issu des couches moyennes. Souvent, elles naissent à l'occasion d'un projet et s'essoufflent lorsqu'il est réalisé. Ainsi, c'est au sein de ces structures que se cristallise la demande sociale, dans ses revendications et ses contestations.

Malgré leurs mutations, les sociabilités continuent à opérer dans le processus d'identification collective, qui lui-même prend de nouvelles significations. Les citadins usent indifféremment des termes village et communauté, souvent d'ailleurs pour expliciter l'un par l'autre. Pour décrypter le sens de cette notion, il a fallu lutter contre notre propre aversion de l'idée de communauté parce qu'elle traduisait à nos yeux un processus de régression. En effet, le sens actuel du communautarisme islamiste marque à nos yeux son hégémonie sur les autres significations de la communauté. Dans ce cas de figure, la communauté, n'entretient plus avec d'autres sociétés ou cultures que des rapports d'éloignement, de rejet ou d'agression (A. Touraine[213], 1992, p. 380). Cependant, les significations que les citadins attribuent à la communauté s'éloignent généralement de cette optique pour exprimer trois idées essentielles. La première idée s'appuie sur la convivialité, qui désigne la rencontre des individus et leur capacité d'échanges et d'interactions, voire l'aptitude de la collectivité à l'intégration de nouveaux arrivants. Sachant, par ailleurs, que la convivialité et son corollaire l'urbanité ne peuvent exister qu'à travers le renoncement à certaines formes de violence, notamment celle de l'exclusion. La seconde idée insiste sur le respect et la reconnaissance des uns vis-à-vis des autres qui relèvent finalement d'un contrat social tacite. La troisième idée témoigne d'une sorte de sécurisation liée à la foi dans le capital social du quartier et notamment dans une solidarité mobilisable à tout moment.

---

[213] TOURAINE (Alain), 1992, *Critique de la modernité*, Paris, éd. Fayard, 510 p.

L'analyse croisée du discours des habitants et de leurs sociabilités fait apparaître une communauté à géométrie variable selon les individus, chacun soulignant un ou plusieurs de ses attributs. Par exemple, les individus issus du monde ouvrier nuancent cette idée de communauté en soulignant la fragilité des sociabilités actuelles par rapport à l'intensité des relations que le groupe a connues jadis. Les facettes variables de la communauté et ses dynamiques de socialisation et de réajustements rapprochent en fin de compte cette notion de la communalisation proposée par Raymond Boudon et François Bourricaud (2002, p. 83).

> *« La communauté ne constitue pas une relation sociale simple et primitive. Elle est à la fois complexe puisqu'elle associe d'une manière très fragile des sentiments et des attitudes hétérogènes ; elle est apprise, puisque c'est seulement grâce à un processus de socialisation qui, en toute rigueur, n'est jamais achevé, que nous apprenons à participer à des communautés solidaires. Elle n'est jamais pure, puisque des liens communautaires sont associés à des situations de calcul, de conflit, ou même de violence. C'est pourquoi plutôt que de communauté, il paraît préférable de parler de « communalisation » [...], et de chercher comment se constituent et se maintiennent les "solidarités diffuses".»*

La construction identitaire repose aussi sur une sorte de contrat tacite, qui recouvre le besoin grandissant de sécurisation au sens large du terme, en écartant, par exemple, tant les risques de violence que d'exclusion. Le respect des uns et des autres est souvent mis en avant comme une des valeurs que doit porter le quartier et un fondement de son système de reconnaissance : si tu me respectes, tu es alors de mon quartier, sinon tu lui es étranger. Cette notion de respect porte essentiellement sur le comportement des individus dans l'espace public et concerne tous les écarts de gestes, de regard, de langage, etc. par rapport à des codes conçus selon un compromis.

> *« [...] un compromis par lequel chacun, renonçant à l'anarchie des pulsions individuelles, donne des acomptes à la vie collective, dans le but d'en retirer des bénéfices*

symboliques nécessairement différés dans le temps. Par ce "prix à payer" (savoir "se tenir", être "convenable"), l'usager devient partenaire d'un contrat social qu'il s'oblige à respecter afin que la vie quotidienne soit possible. » (M. de Certeau, L. Giard, P. Mayol 2003a, p. 17).

La notion de contrat social et l'équation qu'elle forme avec la convivialité et le respect, font également penser au concept d'ordre public d'Erwing Goffman (1992). Loin de l'ordre public autoritaire initié par les institutions, il s'agit d'un système d'auto régulation du comportement des personnes dans les lieux publics où l'agressivité est généralement neutralisée au bénéfice d'une discrète cordialité. Erwin Goffman (1992), en observant les rites d'interaction dans l'espace public, souligne qu'il s'agit là des caractères de surface de ce qu'il appelle l'ordre urbain où les agressions sont ordinairement inhibées et une forme de politesse est usuellement observée, où les individus prennent un soin respectueux du cadre et se traitent avec une inattention polie.

Au demeurant, la quête du village ou de la communauté chez les citadins et la maîtrise de leurs jeux relationnels sont deux phénomènes concomitants. Chacun est ainsi pris dans une tension dialectique entre la nécessité d'accueillir l'autre et de s'en prémunir, car il est confronté à deux périls, celui d'être dominé, envahi, absorbé et englouti, par et dans l'autre, et celui de ne pouvoir se construire faute d'avoir établi un réseau de relations sur lesquelles il s'appuie pour se constituer (M. Bonetti, 1994, p. 196). De façon pragmatique, l'individu va alors rechercher à gérer ses sociabilités et à maîtriser ses relations, avec l'objectif de protéger sa liberté et son anonymat, sans toutefois risquer l'isolement. Il peut, par exemple, limiter ses relations de voisinage proche à une simple cordialité, tout en les développant dans les autres lieux du quartier (la rue, le square, le marché, les associations, l'école, etc.). Les individus pratiquent ainsi un tri dans leurs relations, les différencient, les hiérarchisent et en gardent une parfaite maîtrise pour préserver un certain anonymat ; un anonymat qui, en retour, les émancipe des structures traditionnelles et leur offre une liberté dans la création de nouvelles formes de sociabilité. D'autant que face à la multiplicité des contacts occasionnés par la vie en ville, l'anonymat et la préservation de l'intimité deviennent les conditions indispensables de l'interaction (Yves Grafmeyer, 2000, p. 15). Paradoxalement, l'image du village est volontiers utilisée pour désigner des lieux de sociabilité exceptionnelle au sein de milieu urbain où règne l'anonymat. C'est en tout cas, autour de cette métaphore, portée également par le discours officiel sur la ville, que se construisent les valeurs sociales fédératrices donnant au quartier populaire sa substance. Ce n'est pas le cas des quartiers de la bourgeoisie où, comme le montrent Michel Pinçon et Monique Pinçon-Charlot[214] pour Paris, les relations ne sont pas villageoises, mais mondaines, elles supposent alors une certaine réserve où quasiment personne ne se parle et où il n'y a pas de vie commune. En revanche, des réseaux de sociabilité peuvent se tisser entre les familles dans l'espace privé des maisons.

Le quartier envisagé comme un village ou une communauté correspondant également à un sentiment diffus que le contact, le frottement (M.-C. Jaillet, 2003) et les interactions avec les autres sont source d'apprentissages, envisageables seulement dans la multiplicité des rencontres que permet la ville et *a fortiori* un quartier du centre. Les apprentissages sont l'objet même de la socialisation urbaine que Gilles Verpraet (1994, p. 239) désigne comme le rapport de l'acteur urbain à la ville, à la culture urbaine, soit un rapport de réinterprétation et aussi d'engendrement (pratiques urbaines, appropriation, investissement de réseau, etc.). D'où une diversité des actes et des modalités de la socialisation urbaine à la base de réinterprétation des données urbaines, d'appropriation des lieux et des objets et d'apprentissages des conventions et des êtres. On est bien dans ce double mouvement souligné par Gilles Verpraet : comment la ville forme l'acteur et le fait accéder au stade de la citoyenneté urbaine ? Comment l'acteur forme la ville, par ses actions et ses réinterprétations ?

Pour les anciens, le quartier est avant tout le lieu où s'est effectuée leur socialisation. C'est le lieu où les échanges sociaux et les confrontations multiples les ont placés au cœur de l'apprentissage de nouvelles sociabilités qui s'est manifesté dans

[214] PINÇON (Michel), PINÇON-CHARLOT (Monique), 2002, *Paris Mosaïque. Promenades urbaines*, Paris, éd. Calmann-Lévy, 345 p.

les réajustements, plus ou moins lents mais constants, des modèles sociaux culturels à la nouvelle réalité urbaine et sociale (G. Verpraet, 1994). L'espace se confond ainsi de fait avec leur histoire de vie, leurs épreuves, leurs moments de joie, leurs réseaux de relations, etc. Les lieux à proprement parler, habités par les histoires de vie des gens du quartier, lieux de mémoire et d'accrochage de significations diverses, d'émotions et de symboles, suscitent un fort sentiment d'appartenance et d'attachement. Particulièrement pour les plus anciens, le sentiment d'appartenance correspond à une longue pratique du voisinage, à l'origine d'une osmose sociale et d'une certaine uniformisation des comportements (M. de Certeau, L. Giard, P. Mayol, 2003a, p. 64). Si à leur arrivée dans le quartier, les anciens, généralement d'origine ouvrière, subissaient l'espace, ils ont, tant bien que mal, fini par se l'approprier. Ils ont ainsi « transformé » l'espace par leur vécu et leur imagination et réussi à construire finalement un système plus ou moins cohérent de symboles et de signes non verbaux (H. Lefebvre, 2000, p. 49).

2. Le village, un mythe fédérateur ?

Tandis que, généralement les couches moyennes conforment leurs choix résidentiels à leurs stratégies de distinction sociale, certaines optent pour les quartiers populaires en mettant en avant leur quête du village. Face à cela, les habitants, malgré le sentiment que le quartier se valorise, restent conscients des risques que font peser les transformations urbaines et la gentrification sur ce qu'ils désignent communément comme « l'équilibre social » du quartier. L'analyse de cette cohabitation sociale ne peut cependant pas omettre les mutations qui affectent les catégories socioprofessionnelles, dont l'atomisation et l'individualisation les écartent de la description faite par les statistiques traditionnelles. Dans *La Nouvelle question sociale*, Pierre Rosanvallon[215] (1995) montre d'une part, que les moyens de la connaissance statistique ne

---

[215] ROSANVALLON (Pierre), 1995, *La Nouvelle question sociale*, Paris, Seuil, pp. 206-209.

sont plus adaptés à la compréhension des mouvements d'une société aux énergies sociales plus faibles et plus diffuses et d'autre part, que les catégories socioprofessionnelles classiques ne renvoient plus comme autrefois à des hiérarchies figées. L'auteur prend l'exemple du revenu annuel médian des professions intermédiaires qu'il compare à celui des cadres et des ouvriers : 21 % des cadres se situent en dessous de ce seuil et 14 % des ouvriers le dépassent. Ainsi, niveau de revenu, capital culturel et catégorie socioprofessionnelle ne s'emboîtent plus aussi clairement que dans le passé, ce qui rend la société moins facilement lisible. L'auteur poursuit en soulignant que ce ne sont plus des identités collectives qu'il faut décrire mais des parcours individuels[216]. On peut se demander alors si ce rapprochement dans les niveaux de vie est à l'origine de cette cohabitation inédite entre l'ancien groupe ouvrier et les cadres ? Les travaux, qui portent sur les formes de cohabitation entre les personnes issues de milieu populaire et celles de couches moyennes, font apparaître des significations diverses et, en fin de compte, invitent à renouveler l'analyse en intégrant la réflexion sur les mutations de l'organisation sociale.

Marie-Christine Jaillet (2001) s'appuie sur les transformations qui affectent le monde du travail pour expliquer en quoi les nouveaux modes d'organisation construisent un individu spécifique dont la demande sociale de ville, de citadinité et d'urbanité a changé. Selon l'auteur, les nouveaux modes d'organisation du travail sont à l'origine de processus d'autonomisation, d'individuation, de fragilisation et d'insécurisation des individus de larges milieux sociaux, qui sont alors en quête permanente d'identité. Dans ces conditions, les couches moyennes développent des stratégies de différenciation et de distinction afin d'éviter d'être disqualifiées par la proximité spatiale avec les milieux modestes et, au

---

216 Parmi les interviewés à Bellevue, nous avons rencontré un jeune ouvrier spécialisé dans le surfaçage de l'acier au laser, dont le niveau de vie apparaît similaire, voire supérieur aux cadres. Il y a ensuite ces deux couples d'ouvriers à la retraite dont le niveau de vie s'est « moyennisé », l'un grâce à une double retraite et à l'aide conséquente des enfants qui ont acquis une bonne situation, et l'autre grâce à un héritage et à la garde rémunérée de leurs petits enfants.

contraire, de mimétisme des nantis dans leur entre soi rigoureux. En conséquence de quoi, le choix résidentiel des couches moyennes qui privilégient la cohabitation avec des catégories populaires, serait, selon l'auteur, transitionnel et lié à la faiblesse de leur capital économique. Marie-Christine Jaillet rejoint ainsi le point de vue de Michel Pinçon et Monique Pinçon-Charlot :

> *« Les classes moyennes, du fait de l'ambiguïté de leur position intermédiaire dans la société et de la relative faiblesse de leur capital économique, pourront, au contraire, prôner un "résidentiellement correct" dans une bonne volonté sociale qui conduit à apprécier et à rechercher des environnements résidentiels marqués par des catégories populaires. »* (M. Pinçon et M. Pinçon-Charlot, 2002, p. 59).

Sans doute, une fraction des couches moyennes s'inscrit de façon transitionnelle dans ce choix résidentiel, envisagé comme une sorte de compromis face à la faiblesse relative de son capital économique. Mais peut-on, pour autant, généraliser l'interprétation de ce choix résidentiel qui peut s'avérer divers selon le territoire analysé, les trajectoires individuelles, les projets, etc. ? Les quelques réflexions, que nous évoquons dans les paragraphes qui suivent, montrent à quel point les significations de cette cohabitation sociale peuvent être multiples. Les observations de M. de Certeau, L. Giard, P. Mayol (2003a) sur le quartier de la Croix Rousse, longtemps considéré comme l'un des quartiers les plus ouvriers de Lyon, semblent nous dire que l'intérêt des couches moyennes pour les quartiers populaires relève des effets encore présents de 1968. Il s'agirait là, de soixantuitards attardés ou encore de « bobos » en quête d'authenticité que reflète l'ambiance et l'osmose sociale du milieu ouvrier.

Patrick Simon[217] (1995) décrit une situation plus complexe pour le quartier parisien de Belleville. Selon l'auteur, les opérations de rénovation brutales ont débouché trente ans plus

---

[217] SIMON (Patrick), 1995, « La Société partagée. Relations interethniques et interclasses dans un quartier en rénovation, Belleville, Paris XXe », *Cahiers internationaux de Sociologie*, vol. 98, pp. 163-164.

tard sur une situation de cohabitation inédite. De quartier d'immigration, ce territoire est passé au statut de centre d'activité et de résidence de plusieurs groupes ethniques. L'auteur met en évidence les significations diverses de cette cohabitation qui peut être tantôt contrainte, tantôt un choix. Ainsi, Belleville a connu l'installation d'une population plus aisée que les anciens habitants. Elle-même se divise en deux groupes, correspondant aux modalités d'installation, mais aussi aux aspirations des individus. Le parc de logement social qui a remplacé les immeubles insalubres accueille des locataires qui, pour la plupart, n'ont pas choisi de résider là et ne se reconnaissent pas dans l'identité du quartier. Parallèlement, la spéculation sur les immeubles en bordure de la ZAC a apporté une autre population, plutôt composée de jeunes adultes, exerçant des professions intellectuelles ou artistiques et se montrant favorables à l'aspect cosmopolite et à la diversité sociale de Belleville.

Dans un autre contexte, Peter Willmott[218] constate que les phénomènes de ségrégation des villes de Grande-Bretagne ne se manifestent plus selon les polarisations du passé et attribue ce fait aux mutations de la structure sociale britannique. Selon l'auteur les riches sont beaucoup plus riches que dans le passé relativement à la majorité des gens et les personnes défavorisées sont beaucoup plus pauvres. Mais entre ces deux groupes restreints, il y a maintenant une grande majorité de gens, soit ouvriers, soit membres des classes moyennes, qui montrent moins de différences de mode de vie et moins de différences culturelles que dans la société britannique d'il y a vingt-cinq ans. En conséquence, les individus éprouvent moins de difficultés à habiter près de personnes qui appartiennent à des catégories socioprofessionnelles différentes des leurs.

Mais c'est certainement la réflexion de Catherine Bidou-Zachariasen[219] (2001) sur le quartier Saint-Leu d'Amiens qui a

---

[218] WILLMOTT (Peter), 2001, « Ségrégation et « entre-soi » en Grande-Bretagne. », *in* HAUMONT (Nicole) (dir.), *La Ville : agrégation et ségrégation sociales*, éd. L'Harmattan, coll. Habitat et société, pp. 67-72.

[219] BIDOU-ZACHARIASEN (Catherine), 2001, « Classes populaires et classes moyennes en centre historique rénové », *in* HAUMONT (Nicole)

le plus retenu notre attention, par sa proximité avec nos propres observations. L'auteur analyse les conséquences de l'opération de rénovation, entamée il y a une vingtaine d'année, sur la structure sociale. Cette action, décalée par rapport à la logique sociale dominante des opérations du même type, a privilégié à la fois la conservation des murs, le relogement de la population populaire originaire du quartier et l'attractivité de couches moyennes. L'auteur montre comment ces deux types de population, mises en situation de cohabitation, ont su, chacune à sa manière, en tirer les avantages. Les anciens habitants, à travers un quartier désenclavé physiquement et symboliquement et à travers de nouveaux rapports sociaux qui s'y sont progressivement instaurés, peuvent se trouver en mesure de sortir d'un processus chronique d'enfermement dans la précarité ou de débloquer des trajectoires de stagnation sociale. Les nouveaux résidants ont pu, à partir du capital symbolique que le quartier représentait, préexistant mais réactivé par eux, se construire des positions dans l'espace social local, plus rapidement et plus facilement qu'ils n'auraient pu le faire dans un autre type de quartier.

Ces travaux, représentatifs des réflexions sur les mécanismes actuels d'agrégation sociale urbaine convergent avec notre analyse, particulièrement sur deux idées fortes. D'abord, la recomposition de quartiers anciennement ouvriers se fait, en premier lieu, à travers les changements dans les représentations que les gens se font d'eux-mêmes, des autres et de leur quartier. Dans certains cas, la cohabitation sociale se construit dans l'interdépendance des représentations des individus de chaque milieu social, les uns tirant avantage de la sécurisation que leur procurent les ressources de solidarité de la figure du village, les autres bénéficiant de la valorisation que leur assurent les premiers. Ensuite, ces travaux soulignent que la recomposition des quartiers populaires selon la figure de la diversité sociale est tributaire de la nature des opérations urbaines engagées. Lorsqu'elles se sont écartées d'une transformation brutale de la morphologie urbaine, pour maintenir le tissu social tout en encourageant l'arrivée de nouvelles

---

(dir.), *La Ville : agrégation et ségrégation sociales*, Paris, L'Harmattan, coll. Habitat et sociétés, pp. 131-142.

populations, elles ont doté le quartier des conditions de cette cohabitation sociale.

Les formes de sociabilités diffèrent évidemment selon les groupes sociaux et c'est, sans doute, le regard qu'une fraction des couches moyennes porte sur celles du milieu ouvrier qui justifient leur attachement à la culture populaire urbaine : *« Ils sont très solidaires, honnêtes entre eux [...] ils nous donnent des leçons*[220] *»*. L'idéalisation du système de valeurs du groupe ouvrier chez une fraction des couches moyennes procède d'une sorte de fétichisation (A. Raulin, 2003, p. 103). La solidarité, l'intégrité et l'urbanité associées au labeur sont les attributs de la culture ouvrière idéalisée. Elle est du même coup opposée à celle qui caractérise les grands ensembles : *« J'aime le caractère populaire de mon quartier, ça n'a rien à voir avec "la zone". Ici les gens ont des valeurs [...] Ils ont travaillé dur toute leur vie. Ils sont honnêtes*[221] *»*. Dans ces conditions, l'hétérogénéité sociale du quartier anciennement ouvrier se construit parallèlement au processus de cohésion sociale, façonnée par les représentations que les groupes se font les uns des autres. En revanche, la figure de ghetto des grands ensembles rend opaque l'hétérogénéité des trajectoires, des origines et des cultures qui, conjuguée à une focalisation sur les situations de précarités et les trajectoires d'échec (Y. Grafmeyer[222], 2000, p. 37), ne met en évidence que les tensions et les conflits qu'elle génère.

La symbolique du village puise dans le registre des représentations de la vie sociale à la campagne où tout le monde connaît tout le monde ; des représentations qui renvoient, en somme, à un milieu d'interconnaissance. Cette opération d'ordre symbolique consiste à la fois à mythifier la vie à la campagne et à la transposer au monde urbain. Ainsi, l'interconnaissance, les sociabilités et la convivialité, empruntés à l'imaginaire rural, sont volontiers attribuées au quartier pour peu que « l'esprit du lieu » s'y prête. Lorsque les cadres, installés dans les quartiers anciennement ouvriers soulignent :

---

[220] Propos de cadres résidant à Bellevue.

[221] Idem.

[222] GRAFMEYER (Yves), 2000 (1re éd. 1995), *Sociologie urbaine*, Paris, Nathan Université, 128 p.

« On voit que les gens se rencontrent et parlent entre eux. Ils se connaissent », le mythe du village est construit, dans ce cas, par le spectacle des sociabilités des anciens. Ces habitants adhèrent volontiers, dans l'espace public, au mode de vie des anciens et à leurs codes. Ils échangent avec les commerçants, prennent un pot au bistrot, participent au repas du quartier, etc. sans, pour autant, sacrifier un tant soit peu de leur indépendance ou de leur intimité. Ils font l'éloge d'une intense vie locale dont ils créditent volontiers autrui, mais à laquelle ils ne prennent guère part.

> *« Cette évocation plus ou moins imaginaire est souvent une façon de proclamer les vertus de la diversité sans conflits, de l'harmonie sociale dont on pare un quartier familier qui, pour autant, n'impose à celui qui l'habite aucun excès de familiarité avec ses voisins. »* (Y. Grafmeyer, 2000, p. 80).

L'image de convivialité villageoise que leur renvoient les anciens du quartier suffit à créer chez les nouveaux arrivants cette ambiance sécurisante de communauté et d'être ensemble, sans que cette proximité spatiale n'entame leur désir d'anonymat et leur capacité à maîtriser leurs propres sociabilités.

Deux types de représentations se conjuguent dans cette identification collective, d'un côté celles des anciens, généralement d'origine ouvrière, qui perçoivent les nouveaux arrivants, notamment les cadres, comme un vecteur de valorisation et de rajeunissement du quartier et de l'autre celles des nouveaux arrivants qui se projettent dans le mythe du village, de sa convivialité, de ses sociabilités et de ses solidarités. Les représentations à la base de cette identification collective s'alimentent par une dynamique réelle d'échanges divers entre les anciens et les nouveaux arrivants, tels que, garde des enfants, chambre à louer, travaux de bricolage, soutien scolaire, etc. En définitive, l'identité collective à une communauté de voisinage se construit dans une sorte d'interdépendance où chacun a besoin de l'autre : tu me valorises, je te sécurise ; tu me sécurises, je te valorise. Les éléments identitaires constituent un ensemble d'attributs dont chaque individu se pare imaginairement ou que les autres lui affectent (M. Bonetti, 1974, p. 215). On est bien dans le lieu anthropologique décrit par Marc Augé[223] (1992) comme simultanément principe de sens pour ceux qui l'habitent et principe d'intelligibilité pour celui qui l'observe. Des lieux qui se veulent identitaires, relationnels et historiques.

Pour autant, peut-on considérer que le quartier d'aujourd'hui est un territoire où les individus réunissent les conditions pour faire société ? Selon Marie-Christine Jaillet[224] (1999), faire société c'est accepter de vivre ensemble dans un même espace, de partager un même projet et se sentir concerné par le devenir de celles et de ceux avec lesquels on partage l'espace. Les relations fonctionnent alors sur la similarité et sur le partage des codes et des valeurs. Est-on alors dans cette volonté de faire société et dans cette capacité à fabriquer un être ensemble qui intègre le différent ? Il existe bien là une expérience d'interdépendance symbolique qui peut faire accepter le principe de solidarité. En revanche, le discours ambigu sur les Maghrébins ou les Turcs, sinon les non-dits, y compris chez les anciens ouvriers « moyennisés » socialement, laisse deviner un désir d'entre soi et de mise à distance qui rendent ténue la cohésion sociale du quartier. En définitive, le contrat social, au sens que lui donnent les habitants, reste fragile s'il n'est pas inscrit dans celui[225] qui lie l'individu à l'Etat par l'organisation politique de la solidarité.

Il va de soi que des transformations urbaines brutales et un marché débridé peuvent facilement défaire cette cohabitation sociale qui n'apparaît pas aux yeux des acteurs institutionnels et des promoteurs immobiliers, comme pouvant être une demande sociale. Les acteurs institutionnels soucieux d'attirer les cadres et les entreprises sur leur territoire, sont souvent tentés d'initier un urbanisme qui consiste à organiser l'entre soi des cadres et à

[223] AUGE (Marc), 1992, *Non-lieux, introduction à une anthropologie de la surmodernité*, Paris, Seuil.

[224] JAILLET (Marie-Christine), 1999, « Peut-on parler de sécession urbaine à propos des villes européennes ? », *Quand la ville se défait*, *Esprit*, n° 258, pp. 62-85.

[225] Le concept de contrat social, hérité de Jean-Jacques Rousseau, correspond dans ce cas à un pacte implicite qui crée des obligations réciproques entre les membres d'une société et l'Etat. COUET (Jean-François) et DAVIE (Anne), 2002, (3e éd.), *Dictionnaire de l'essentiel en sociologie*, Paris, Editions Liris.

effacer les traces ouvrières en enclenchant un mécanisme de changement social. C'est aussi un urbanistique aux prises avec le désarroi, face aux stratégies (les plus visibles) de distinction et d'entre soi des couches moyennes dans leur choix résidentiel et aux difficultés à mettre en œuvre la mixité sociale. Par ailleurs, si le caractère soft de l'action publique sur les quartiers peut accompagner la cohabitation de populations diverses, il n'en demeure pas moins des risques de voir le marché immobilier s'appuyer sur la qualification des espaces pour induire une dynamique opposée à la logique publique. Ces risques sont d'autant plus grands qu'aucun garde-fou[226] n'est mis en œuvre par les pouvoirs publics. Les promoteurs immobiliers s'appuient alors sur le bénéfice des actions de requalification, se saisissent de la demande immobilière des couches moyennes sans discernement et organisent leur entre soi par l'éviction des catégories sociales populaires. Ainsi que le montrent de nombreuses opérations d'urbanisme à Paris, à Lyon, etc., lorsque aucun système de régulation n'est mis en place par l'action institutionnelle, la gentrification des quartiers populaires centraux finit inévitablement par induire une spéculation immobilière. La venue de couches moyennes dans les quartiers populaires fait très rapidement grimper les valeurs immobilières et locatives ; des mécanismes qui finissent par exclure les plus vulnérables socialement et remettre en cause, à terme, le caractère populaire et patrimonial tant recherché par les gentries.

[226] La régulation du marché immobilier peut revêtir des formes diverses : la programmation de logements sociaux qui selon Michel Pinçon et Monique Pinçon-Charlot (2003, p. 39) *« [...] modèrent les effets discriminateurs du marché et constituent un élément favorable au maintien de la diversité sociale [...] »* ; les OPAH pour aider les petits propriétaires à réhabiliter et garder leur patrimoine ; les formes de défiscalisation encourageant la location ; etc.

II. LA RECOMPOSITION SOCIALE DE L'ESPACE

Préalablement à ce chapitre, il importe de souligner que les notions de recomposition sociale de l'espace et de réception sociale de l'urbanisme se distinguent par leur temporalité. La recomposition sociale de l'espace, envisagée tant à travers l'appropriation qu'à travers la construction sociale du quartier, traduit en fait un processus perpétuel induit par les transformations socioprofessionnelles, les mutations des modes de vie, les fluctuations du marché immobilier, etc. qui affectent les groupes de résidants. La réception sociale de l'urbanisme suppose, quant à elle, une recomposition sociale subséquente et spécifique aux effets d'une intervention urbaine. En fait, au contact de la nouvelle organisation urbaine, les individus transforment leur façon de se comporter dans l'espace urbain, en même temps qu'ils font évoluer les représentations et les valeurs accrochées aux lieux. En fin de compte, les processus d'adaptation/rectification de l'espace sont constants, mais ils s'intensifient et prennent un caractère particulier sous l'effet d'une intervention urbaine.

Avant de poursuivre l'analyse des formes d'investissement social des lieux, il est bon de rappeler que l'objet de ce travail porte moins sur l'examen en soi des phénomènes d'appropriation, que sur leur interaction avec les conditions de production de l'espace. L'idée de départ étant que la réception sociale de l'urbanisme ne peut être intelligible qu'au regard de cette confrontation où se jouent à la fois les pratiques, le système d'acteurs et les représentations. Ainsi, la construction sociale du quartier apparaît sensible aux actions urbaines auxquelles elle est confrontée et, selon leur nature, elle peut soit trouver les conditions de son affirmation, soit celles de sa déstructuration. Dans le présent chapitre, la réflexion porte cette fois sur l'appropriation de l'espace et son aptitude à engendrer des lieux, identifiés en tant que tels par les résidants au sein du quartier. Elle s'inscrit dans le concept heideggerien[227] de

---

[227] HEIDEGGER (Martin), 1927, *Etre et Temps*, Paris, Gallimard.

l'habiter et dans sa proposition que l'espace naît des lieux élaborés par les hommes. Les domaines sensibles que traduit le langage des habitants sur les lieux, l'affectivité, les sentiments, les sensations, l'imaginaire, la mémoire, etc. orientent nécessairement l'analyse sur la poétique des lieux, au sens où l'entendent Gaston Bachelard[228] (1957) et Pierre Sansot (1999).

> *« Il faut en venir, pour éclairer philosophiquement le problème de l'image poétique, à une phénoménologie de l'imagination. Entendons par là une étude du phénomène de l'image poétique quand l'image émerge dans la conscience comme un produit direct du cœur, de l'âme, de l'être de l'homme saisi dans son actualité. »* (G. Bachelard, 1957, p. 11).

Par ailleurs, territorialiser[229] un espace consiste, pour une société, à y multiplier les lieux, à les installer en réseaux à la fois concrets et symboliques (G. Di Méo, 2001, p. 41). L'appropriation du quartier en l'occurrence consiste alors à engendrer des lieux, où les usages et les significations projetées prennent un sens particulier. Le langage des individus renvoie également la notion de lieu à un jeu d'échelle et à une hiérarchisation qui rendent pertinentes les articulations entre la construction sociale du quartier et l'engendrement de lieux spécifiques. Le territoire, souvent abstrait, idéel, vécu et ressenti plus que visuellement repéré et circonscrit, se distingue, selon Guy Di Méo (2001, p. 12), des lieux qu'il englobe, singularisés par leur valeur d'usage et par leur saisissante réalité. Autrement dit, dans un même mouvement, les conditions d'appropriation accrochent des significations sociales au quartier et définissent des lieux « configurés » selon le sens dont ils sont dotés. Ces derniers peuvent se traduire selon une « topographie » qui reflète la confrontation entre usage et propriétés spatiales et, du même coup, rend compte aussi de l'aptitude de l'espace à être investi ou non par les individus.

Les phénomènes d'appropriation de l'espace sont entendus ici, comme l'ensemble des actions des hommes sur l'espace

---

[228] BACHELARD (George), 1981 (1re éd. 1957), *La Poétique de l'espace*, Paris, Quadrige/PUF.

[229] La territorialisation renvoie ici à l'appropriation de l'espace.

consistant simultanément à lui donner des configurations spatiales matérielles et des significations (H. Lefebvre, 2000). Elles représentent également des stratégies pour dépasser les obstacles dressés par la violence symbolique (P. Bourdieu, 1986). En fait, en même temps que les habitants mettent en conformité les lieux avec leurs habitus, ils composent avec le contexte spécifique dans lequel ils le font et élaborent ainsi des compromis plus ou moins satisfaisants. Ils vont alors transformer, adapter, retourner, valoriser ou annuler un espace. C'est précisément cette « configuration » des lieux par les habitants que nous cherchons à identifier : un « dessin » infiniment chargé de sens qu'ils superposent à l'espace aménagé.

Toutes ces considérations font qu'il n'est pas aisé de rendre compte de la diversité des conditions d'appropriation de l'espace, tant la richesse des usages, des modes de lecture et des registres de perception sont intarissables. Loin de prétendre à l'exhaustivité, notre tentative de restituer, un tant soit peu, cette réalité, cherche au moins à en esquisser les traits caractéristiques, les plus à même d'aider à comprendre les effets de l'urbanisme. Toujours à propos de la démarche, l'impasse sur une analyse simultanée des pratiques quotidiennes des individus et des significations sociales et symboliques qui sont associées aux lieux, relèverait de l'aporie. L'analyse de l'appropriation de l'espace ne peut pas, en effet, se limiter à l'une de ses dimensions, car décrire les pratiques observées, ne suffit pas à rendre compte de l'engendrement de lieux. Dans la même optique que l'approche sensible de Pierre Sansot (1999), Kaj Noschis[230] (1984) analyse trois quartiers vénitiens et montre combien les lieux, les usages dont ils sont l'objet et les significations que les individus y projettent, sont des registres parfaitement entremêlés.

> *« Les magasins même les plus étranges,* a priori, *peu familiers, peuvent se révéler graduellement comme les partenaires privilégiés d'un dialogue avec le quartier. [...] Les bistrots renforcent cette dualité par leur caractère semi-public et semi-privé. Par exemple, le degré*

---

[230] NOSCHIS (Kaj), 1984, *Significations affectives du quartier*, Paris, Méridiens.

d'intimité le plus fort se trouve autour du comptoir où se pratique le surnom, mais où le jeu de distanciation n'est pas non plus exclu. » (K. Noschis, 1984).

Notre démarche se démarque de celle des cartes mentales, au sens où l'entend R.S. Down[231] et D. Stea (1977) ou encore Kevin Lynch[232] (1971), des travaux qui contribuent à leur manière à faire émerger l'image que les habitants se font de leur ville. Nonobstant la richesse de ces travaux, les uns comme les autres, privilégient le rapport visuel des individus à leur environnement. Lorsque Heidegger écrit que *la langue est l'habitat de l'être*, ne désigne t-il pas ainsi la faculté de la parole à donner finalement réalité et existence aux choses ? Il invite, en tout cas, à considérer le langage des individus dans toute sa densité et sa complexité. Le décodage de la parole doit permettre de comprendre ce qui se joue entre le discours sur l'aspect formel de l'espace, les modes d'utilisation et les registres symboliques, imaginaires et émotionnels qui lui sont associés.

> *« Le rapport entre représentations et pratiques de la ville assurément déborde le domaine des cartes mentales, seraient-elles construites avec la plus grande finesse ; du moins ces cartes mentales de la ville prennent leur sens à travers des modes d'habiter, des modèles culturels et non seulement des actes visuels. »* (M. Roncayolo, 1999, p. 177).

Dans ces conditions, on ne peut qu'assumer le caractère forcément réducteur de notre essai « topographique », dont l'objectif est simplement de révéler, même de façon partielle, les décalages entre l'espace vécu et conçu.

La traduction « topographique » du bricolage (C. Lévy-Strauss[233], 1974) des matériaux spatiaux, au sens, dirons-nous, de leur agencement anthropologique, tente de mettre en équation plusieurs dimensions de l'appropriation de l'espace par les individus. La « topographie » cherche, en premier lieu, à traduire

---

[231] DOWN (R.S.), STEA (D.), 1977, *Maps in minds, reflections on cognitive mapping New York*, New York, Harper and Row Publishers.

[232] LYNCH (Kevin), 1971, *L'Image de la cité*, Paris, Dunod, coll. Aspects de l'urbanisme, 222 p.

[233] LEVY-STRAUSS (Claude), 1974 (1re éd. 1958), *Anthropologie structurale deux*, Paris, Plon, coll. Agora, 480 p.

les opérations de valorisation/annulation des lieux qui sont elles-mêmes le reflet des subjectivités et des affectivités projetées dans le cadre spatial. Des lieux spécifiques émergent pour devenir les points focaux de la vie sociale. En second lieu, elle témoigne des modes de vie et des différences de maîtrise de l'espace urbain spécifiques aux groupes sociaux. En troisième lieu, elle indique les espaces potentiels et « dessine » une géométrie du quartier et des lieux qui renvoie à leur substance sociale. Finalement, les modalités d'appropriation des individus et les « topographies » qu'elles configurent s'imposent comme un contre-espace qui, somme toute, contribue à la compréhension des formes de réception sociale de l'aménagement.

Le présent chapitre s'appuie sur le cas de l'ancien faubourg ouvrier de Bellevue qui se prête bien à cette forme d'exercice, du fait de la politique de valorisation de l'espace public et d'équipement (transports collectifs, notamment tramway, et clinique) dont il a fait l'objet. Ce terrain particulier donne l'opportunité de tester notre modèle d'analyse et nos déductions.

1. Les points focaux de la vie sociale et les lieux non investis

La dimension sensible du vécu et du perçu des habitants d'un espace récemment conçu occupe une place importante dans leur discours. Ils mettent spontanément en évidence leurs lieux préférentiels, là où s'inscrit l'essentiel de la vie de quartier, tandis qu'ils passent quasiment sous silence des espaces qu'ils ont du mal à investir. Un silence qui apparaît lourd de sens, lorsqu'ils finissent par dire les nombreux griefs à l'origine de la désaffection de ces espaces. Certes, les lieux diffèrent selon la génération et le sexe, mais certains d'entre eux, comme le square Amouroux, les bistrots, le marché et la rue Robespierre, sont vraisemblablement le théâtre de l'être ensemble. En revanche, le pôle d'échanges des transports en commun et le nouveau jardin provoquent chez la population une aversion[234] quasi unanime.

---

[234] Nous en avons expliqué en partie les raisons dans le chapitre II (*Les pratiques professionnelles*) de la deuxième partie.

Le Square de Sansot[235] *opposé au nouveau jardin*

La place du square[236] dans la parole des résidants et l'affluence et le foisonnement des pratiques dont il fait l'objet lui octroient *de facto* un statut de lieu privilégié, particulièrement chez les femmes et les enfants. Il se révèle comme un lieu qui remplit une multitude de fonctions : il répond à la demande d'espace naturel, joue le rôle de lieu « refuge », prolonge à ce titre l'habitat, représente un microcosme de la vie urbaine et un théâtre des sociabilités, etc. Il apparaît alors comme un être autonome, porteur de sens, organisateur de son espace, de son temps et des ses personnages, ainsi que le propose Pierre Sansot (1999, p. 340). La sur valorisation du square Amouroux, particulièrement affectionné par les habitants, fait référence à une forte demande sociale de vert dans la ville. Cette quête d'espaces naturels rappelle, en fin de compte, un phénomène banal et ancien chez les citadins. Le fétichisme de la nature, apparu à la fin du XVIIIe siècle et au début du XIXe, relève des conséquences de la négation de la nature par la ville et par l'industrie ; une double négation qui, selon Henri Lefebvre (2000, p. 38), la fit de nouveau transparaître et miroiter. Certes, il y a dans cette quête de nature par les citadins, une dimension fantasmatique et mythique (M. Bonetti, 1974, p. 146) ; la reviviscence d'une idéologie de rapprochement de la nature, fondée sur des représentations construites par des populations imprégnées de culture urbaine, dont l'expérience de la nature se limite à ce qu'elles perçoivent à travers les week-ends dans les résidences secondaires ou pendant les grandes vacances. Finalement, des situations transitoires, soustraites aux pesanteurs de la vie quotidienne, favorisant la déréalisation et l'éclosion des fantasmes. Mais, cette analyse permet-elle, pour autant, de légitimer chez un grand nombre de concepteurs une position en porte-à-faux avec la demande sociale ? Une position qui se

---

[235] Cette section s'appuie sur le texte de Pierre Sansot (1999, p. 338), tant la résonance, entre les propos des individus sur le square Amouroux et la description que fait l'auteur de la vie sociale au sein de ce lieu, est frappante.

[236] Cet espace a fait l'objet d'un aménagement qui a consisté à rénover le mobilier et le revêtement du sol, sans remettre en cause l'esprit du lieu.

traduit le plus souvent, par un aménagement où domine la tendance à « minéraliser » l'espace public.

L'énumération des vertus supposées de la nature en matière de santé et de bien-être, comme l'oxygénation, l'apaisement de l'esprit, l'adoucissement des mœurs, etc. fait du square une oasis, un éden (P. Sansot, p. 338, 1999), un havre de paix et un lieu refuge opposé à la ville bouillonnante et à son tumulte. A l'intérieur du square, les usagers ont le sentiment d'être dans une enclave où ils se sentent protégés de la ville, mais où ils se régénèrent d'elle. Paradoxalement au fait que le square permet de s'abstraire de la ville, il se manifeste comme une sorte de microcosme, sinon de la vie urbaine, du moins de celle du quartier. Dans ce lieu se côtoient des gens qui forment un échantillon représentatif du peuplement de Bellevue, mais aussi des passants, comme ces cadres ou ces représentants commerciaux qui sont là pour téléphoner, attendre quelqu'un ou prendre leur sandwich. L'observation des comportements et des rituels, complétée par les bribes de conversation qui parviennent même aux oreilles non attentives, permet d'accéder à un pan important de la vie sociale du quartier. Les conversations passent indifféremment des lieux accidentogènes pour les enfants, que l'on se fait un devoir de signaler aux autres mamans, au vieux voisin dont le décès a chagriné tout l'immeuble et au voisinage bruyant mais toléré d'une communauté d'étudiants, ou encore, du sentiment de sécurité que procure la proximité d'un commissariat, à la sensation désagréable d'être épié par les caméras de vidéo surveillance... Contrairement aux autres lieux où la présence des gens est plutôt temporaire, le square invite à se poser pendant un long moment et, de ce fait, il devient une sorte de théâtre qui offre des flashs et des tranches de la vie quotidienne. Il redouble la ville en nous faisant pénétrer dans ses coulisses (P. Sansot, 1999, p. 344).

Le square devient ainsi, un des lieux où s'offre par excellence le spectacle des sociabilités des autres, un spectacle à l'origine des représentations que les gens se font les uns des autres et de leur quartier. Les sociabilités, mises en scène dans ce lieu, soulignent le paradoxe des jeux relationnels qui existe entre le voisinage proche, par exemple de son immeuble, et les résidants ou les non résidants du quartier. Les individus ont le sentiment qu'ils ont davantage de maîtrise sur les relations avec des gens rencontrés dans l'espace public, qu'avec ceux du voisinage immédiat. Les sociabilités sont alors reportées sur les lieux publics, comme le square, où les individus n'hésitent pas à déballer sans pudeur leur intimité à des personnes rencontrées occasionnellement. Des personnes, finalement, qu'ils peuvent décider, sinon de ne plus rencontrer, du moins d'en choisir les conditions. Du reste, il n'y a guère que dans les squares où causer avec des inconnus apparaît naturel (P. Sansot, 1999, p. 244). Pourtant, le square, en tant que lieu où l'on se pose, apparaît comme le prolongement de l'habitat et traduit, par une sorte de privatisation symbolique, sa continuité.

L'appropriation du square par les femmes et particulièrement par les mères de familles, est remarquable. Elles le fréquentent assidûment, jusqu'à privatiser symboliquement leurs lieux préférentiels Bien qu'elles mettent en avant l'intérêt du square pour le jeu des enfants, il apparaît plutôt comme le lieu privilégié de rencontre et de papotage avec d'autres femmes. L'alibi des enfants est encore plus manifeste chez les femmes d'origine maghrébine ou turque. Les significations de l'affection des femmes pour le square et l'ambiance de ce lieu de défoulement sont en résonance avec la métaphore du bistrot féminin de Sansot.

> *« Le square, ce bistrot des femmes. Il ressemblait à une espèce de gynécée. La cellule familiale s'y recomposait sans le père. Les femmes y avaient la liberté d'y exprimer un certain type de féminité [...] tout comme les hommes libéraient une certaine virilité, un peu cabocharde au Bistrot. Elles avaient la possibilité de s'épancher en confidences qui avaient souvent un fond prosaïque, organique. »* (p. 343, 1999).

La présence des enfants dans cet espace, leurs jeux et leurs mouvements emplissent le square et deviennent, à la fois l'objet d'un spectacle pour les autres usagers et un facteur de médiation de leurs échanges. Les usagers spectateurs réagissent tour à tour par la vigilance autoritaire, la désapprobation, l'indulgence, l'attendrissement, etc. et jaugent ainsi les valeurs de leurs interlocuteurs, en fonction de leur comportement avec les enfants et de leur discours sur ceux-ci. Les premières phrases échangées sur les enfants vont être déterminantes pour la suite à donner à la première rencontre : évitement ou rendez-vous tacite.

Tout compte fait, le square Amouroux, en tant que point focal de l'appropriation, déplace vers lui le centre de gravité du triangle formé par la place et aboutit ainsi à une « topographique » sensiblement différente de l'espace conçu, une configuration où le nouveau jardin s'avère marginalisé. Le square et ses significations affectives sont d'ailleurs systématiquement opposés au nouveau jardin. On n'évoque pas l'un sans en référer aux sentiments que l'on éprouve pour l'autre et *vice versa*. Cette comparaison systématique permet, en tout cas, d'identifier les obstacles que présente la composition paysagère du nouveau jardin. Au préalable, soulignons que l'aversion excessive de nombreux résidants pour le nouveau jardin témoigne d'abord de leur dépit face à son décalage avec la demande exprimée pendant la concertation : au lieu du parc qu'ils attendaient, c'est un jardin d'ornementation destiné à embellir les abords de la clinique qui a été réalisé. Au-delà de ce constat général, il existe des nuances dans les appréciations et la fréquentation, selon l'âge et le genre. Ainsi, les jeunes entre 17 et 25 ans estiment généralement que ce lieu ne leur est pas destiné, à cause de la présence des caméras de vidéosurveillance leur donnant le sentiment d'être sous contrôle. La population âgée de plus de 25 ans considère le jardin inutile, quand elle ne « l'annule » pas dans ses propos. Faute de place dans le square, souvent surchargé de monde, les jeunes mamans et parfois les grands-parents y accompagnent les enfants. Ils limitent ainsi, son utilité aux jeux d'enfants, sans y trouver ce qu'ils cherchent pour eux-mêmes.

Les griefs portent essentiellement sur les excès, tels que la taille modeste du jardin ou la hauteur abusive des grilles, sur les contraintes, comme l'inadaptation des jeux pour enfants ou la dangerosité des sorties et enfin sur les manques, par exemple les arbres, l'ombre, les points d'eau et les toilettes. La perception de ce lieu par les individus mobilise un registre symbolique significatif de leur rejet du jardin : ils est pour eux inhospitalier, austère, froid, vide et sans âme. Le sentiment de vacuité du jardin, évoqué avec insistance dans le discours par une série de manques (*il n'y a pas d'ombre, pas d'arbres, pas de monde, pas de perspective*) ne traduirait-il pas la difficulté des individus à accrocher des significations sociales au jardin et ainsi, à le « remplir » de sens ? Cependant, c'est, sans doute, le sentiment d'enfermement que suscite l'aménagement du jardin qui domine. Les grilles qui le délimitent, estimées trop hautes et trop imposantes par les habitants, participent de cette sensation de fermeture, opposée à l'ouverture du square Amouroux. Le recours aux notions d'ouverture et de fermeture d'un espace apparaît ici moins attaché à l'idée de frontière géographique, qu'à une métaphore de la liberté d'appropriation. Par ailleurs, ce jardin aménagé en partie sur l'ancien emplacement du dépôt de tramways, ne représenterait-il pas la rémanence de cette plaie béante dont parle Pierre Sansot ?

> *« Que l'on mit à bas une maison dans l'espoir de reconstruire un immeuble plus moderne et le quartier souffrait de cette plaie béante. »* (1999, p. 263).

Cette hypothèse est d'autant plus plausible que les anciens du quartier associent parfois les contraintes de l'aménagement du jardin à la nostalgie qu'ils éprouvent à l'égard du dépôt de tramways, des manèges et des sonneries qui rythmaient le quotidien et du bâtiment de l'horloge qui était l'endroit privilégié, tant des rendez-vous galants que des piquets de grève.

Le marché : substitut social de la messe ?

Le marché fait l'objet de la même valorisation que le square aux yeux des résidants, sauf qu'il s'en singularise comme un lieu où se polarise la centralité du quartier. Le contraste entre la vie grouillante du marché et le caractère d'oasis du square ne manque pas d'être évoqué dans leur discours comme une nécessité. Le réaménagement du marché de Bellevue dont la création remonte à la fin du XIXe siècle, ne semble pas avoir affecté la vie grouillante de cet espace. Au contraire, selon les résidants, l'aménagement du marché, notamment la rénovation des revêtements du sol et du mobilier urbain, les plantations, la modernisation de l'éclairage, etc., a apporté plus de confort aux usagers et aux forains. Ainsi, loin d'être perturbée par l'aménagement, la vie sociale du marché s'est au contraire affirmée.

La symbolique la plus représentative de la parole des usagers sur le marché est bien celle de la messe, une symbolique[237] reprise autant par des personnes âgées que par des plus jeunes. La fréquentation régulière de ce lieu par des individus qui n'y vont pas forcément avec l'intention d'acheter, s'apparente à un rituel. Dans ce cas de figure, et sans forcément de connotation religieuse, l'allégorie de la messe renvoie aux sociabilités que suppose ce lieu, aux opportunités qu'il offre aux gens de se rencontrer, de tisser des relations et de se constituer un capital social. Toutes choses égales par ailleurs, il y a dans cette référence symbolique à la messe, le sentiment qu'au sein du marché se trouvent les ressources d'entraide, pour lesquels les forains jouent le rôle de médiateurs (un médecin spécialiste que tel commerçant présente à un client ou un employé à la mairie qui peut aider à débloquer un dossier). Ce n'est donc pas un hasard si le discours des individus sur les valeurs et les images (convivialité, village, communauté...) du quartier, s'appuie particulièrement sur la vie au marché. Le recours au symbole de l'église pour désigner le marché, correspond également à son inscription dans la centralité. Dans ce lieu focal de la vie quotidienne, tout devient plus intense et plus dense, la coprésence, les opportunités de rencontres et d'échanges, l'ambiance, etc. Ainsi, à l'instar du square, le marché est également un théâtre où sont mises en scène les sociabilités des individus, particulièrement celles des anciens du quartier. C'est précisément le spectacle de leurs échanges avec les commerçants qui alimente le sentiment des couches[238]

---

[237] *« Je suis très fidèle au marché, parce que, quoiqu'on dise, à une époque où les gens sont tous enfermés chez eux [...] on vit à côté d'autres personnes [...] C'est certain qu'il y a des lieux où on peut retrouver les gens et le marché est un de ces lieux. Qu'on le veuille ou non, le marché est un point d'échanges. Vous y rencontrez une voisine là, qui ne vous rendra jamais visite et vous non plus. Elle vous dira des bagatelles mais enfin, il y a un échange [...] de la même façon que des gens qui sortent de la messe ».* Extrait d'entretien avec Mme M. (53 ans, documentaliste).

[238] *« J'aime l'ambiance du marché. J'y vais sans rien avoir à acheter. On rencontre toujours les mêmes personnes, on finit par les connaître [...] j'aime écouter les discussions entre-elles et avec les commerçants [...] Il y a de*

moyennes de baigner dans l'ambiance du village et d'être dans un milieu familier, voire protecteur, où existe une solidarité potentielle.

Le marché apparaît autant que le square comme un lieu privilégié du bavardage. Les individus se posent parfois plus d'une heure durant au sein d'une foule en mouvement pour bavarder sur des sujets divers (santé, scolarité des enfants, coût de la vie, etc.) tacitement partagés avec la foule. Le sens commun de ce bavardage, donne le sentiment à la foule de se reconnaître dans les interlocuteurs et conforte ainsi chez les individus, leur appartenance à une communauté où l'étrangeté n'a pas sa place. Le bavardage et la curiosité, selon M. de Certeau, L. Giard et P. Mayol (2003a, p. 31), sont les pulsions internes absolument fondamentales dans la pratique quotidienne du quartier : d'une part ils nourrissent la motivation des relations de voisinage, d'autre part ils tentent d'abolir sans cesse l'étrangeté que contient le quartier ; le bavardage est une conjuration réitérée contre l'altération de l'espace social du quartier par les événements qui peuvent le traverser, il cherche « une raison à tout », il mesure tout à l'aune de la convenance.

Le bistrot en voie de disparition ?

L'inertie au changement des cafés, des bars, et des bistrots, plus importante que dans les autres villes[239], s'explique sans doute par le rôle de premier plan qu'ils ont joué dans le système de relations du monde ouvrier et dans les luttes de classes : c'étaient de véritables cellules de base de la vie sociale, politique et culturelle du milieu populaire local. Les disparitions ou les conversions de ces établissements sont inhérentes, à la fois, aux transformations souvent brutales qu'a connues le tissu urbain et auxquelles les habitants demeurent particulièrement sensibles et aux mutations plus générales de la société et des

---

vraies valeurs et ils participent à créer une ambiance de village ». Extrait d'entretiens avec M. W. (41 ans, professeur d'anglais).

239 Selon Daniel Mandon (1976, p. 165), Saint-Étienne comptait 1 220 débits au lendemain de la dernière guerre, soit un débit pour 170 habitants, alors que la moyenne nationale pour les grandes villes était d'un établissement pour 300 habitants.

modes de vie. Même lorsque ces établissements ne disparaissent pas, ils se métamorphosent et perdent à terme leur spécificité populaire. Comme le soulignait déjà Daniel Mandon (1976, p. 166), les débits de boisson renvoient l'image du milieu où ils sont implantés ; entre le grand café et le petit bistrot s'étend toute une gamme d'établissements qui reflètent plus ou moins, le quartier et le genre de vie de ceux qui le fréquentent. Par conséquent, les mutations qui affectent les débits de boisson sont aussi le reflet des formes de recomposition du quartier populaire.

La vie des trois établissements qui se trouvent sur la place de Bellevue fait apparaître les traits encore vivaces de la culture populaire du quartier. Ainsi, les mutations urbaines et sociales du quartier, si elles ont considérablement diminué le nombre de débits de boisson sur la place, n'ont pas pour autant totalement effacé les significations sociales traditionnelles des lieux encore présents. C'est là que se manifeste le mieux la culture populaire du quartier, dont l'expression se fait néanmoins sous des formes nouvelles, sans commune mesure avec celles du passé où les ouvriers s'autorisaient à s'approprier le bistrot en chassant les suspects, ceux qui espionnaient pour le contremaître. Aujourd'hui, comme pour le quartier, le groupe ouvrier imprègne de sa culture populaire ce lieu sans en être l'usager exclusif. Le bistrot devient de ce fait, autant attractif pour les couches moyennes qui sont en quête de cette culture, que répulsif pour celles qui sont dans une logique de distinction sociale. Les premiers y viendront volontiers pour être à proximité spatiale de ce milieu populaire, tandis que les seconds l'évoqueront comme un lieu qui favorise l'alcoolisme et la violence.

Les milieux ouvriers, quant à eux, continuent à attribuer aux bistrots une place privilégiée. Les histoires de vie des anciens associent ce lieu aux moments importants : un mariage, une naissance, une grève, un achat important, etc. Quant aux plus jeunes, même s'ils s'écartent du modèle traditionnel, ils n'en font pas moins du bistrot un lieu privilégié de solidarité : *« C'est au bar que se font les collectes, quand il y a un coup dur*[240] ». D'autre part, on ne peut évoquer la place que tiennent les cafés dans la vie des quartiers populaires, sans souligner le rôle de suppléance et de compensation par rapport aux conditions d'habitat que nombre d'entre eux continuent à jouer, notamment pour les jeunes qui cohabitent avec leurs parents. Le café apparaît selon deux facettes complémentaires, celle de lieu de détente, de divertissement et d'évasion et celle de lieu de rencontre et *d'omni-communication* (P. Sansot, 1999, p. 339). Il y a d'abord les ouvriers retraités qui peuplent ce lieu de façon quasi permanente. Ils se retrouvent, généralement aux même tables, pour jouer aux cartes, lire le journal et échanger, par exemple, sur les dispositions concernant la retraite, sur les nouvelles règles d'un service hospitalier ou sur la maladie d'un proche. Il y a ensuite les habitués dont la fréquentation du bar est moins importante que les premiers, car ils ont sans doute d'autres formes de loisirs. Composés d'ouvriers actifs, d'employés ou de chômeurs, les habitués généralement bruyants, causent avec les retraités comme de vieilles connaissances. Un rituel qui semble représenter pour eux une sorte de caution des anciens aux yeux des autres. Les quolibets, les sarcasmes, les flatteries, les questions, etc. sont partagés collectivement, y compris avec ceux que l'on ne connaît pas. Enfin, il y a la clientèle occasionnelle, un public divers de cadres, de techniciens, d'employés, de lycéens, etc., qui reste plus ou moins distant, mais non moins curieux de cette atmosphère conviviale. Si dans l'interaction cette distance est empreinte de sympathie, les autres vont manifester une sorte de sollicitude qui semble dire *« on vous accepte et on vous fait partager nos anecdotes, car vous êtes sympathique »*. Si en revanche cette distance se fait méprisante chez une personne, cette dernière deviendra de façon implicite la cible des quolibets.

Autour de la place

Le pourtour de la place, identifié en tant que tel, figure parmi les espaces préférentiels des habitants et pose à la fois la question

---

[240] Extrait d'entretien M. La. (27 ans, ouvrier spécialisé dans le traitement de l'acier)

de la nature et du sens de ce périmètre, et celle de « l'évidemment » qu'il suppose. Force est de constater que l'amélioration du confort, occasionnée par l'opération d'aménagement, est particulièrement soulignée pour le marché et le pourtour de la place, alors qu'elle est quasi occultée pour le jardin, le pôle d'échanges et le parking. L'attractivité du pourtour de la place est liée, selon les résidants, à l'animation des commerces quotidiens (Casinos, marchands de journaux, fleuristes, etc.) et aux propriétés spatiales agréables (larges trottoirs, plantation d'arbres, bancs, etc.). Ce lieu n'est cependant pas uniforme du point de vue de la fréquentation et des significations que les usagers lui attribuent. Ainsi, c'est la rue Robespierre, un axe très animé, qui est décrit comme l'itinéraire privilégié où l'on peut flâner, s'attarder devant les étalages des magasins, rencontrer une connaissance et attendre un rendez-vous, puisque les trottoirs le permettent aujourd'hui. Il en résulte une forte dissymétrie entre la rue Robespierre et la rue Gabriel Péri qui, quant à elle, est plutôt évoquée comme un espace répulsif à cause de la superposition de la circulation automobile à celle du tramway. Tandis que les habitants soulignent l'importance du pourtour de la place, ils procèdent par la même occasion à « l'évidemment » de ce qui s'y trouve ceint. Ainsi, le jardin, le pôle d'échanges et le parking sont, sinon annulés dans le discours des gens, du moins sévèrement critiqués. Pour beaucoup, ces lieux, qu'ils réduisent au statut d'espaces utilitaires, sont incontestablement le résultat d'erreurs de conception.

L'ensemble formé par l'arrêt du tramway et la passerelle en face qui mène aux lycées, constitue un lieu fortement individualisé par rapport au reste du pôle d'échange. Il est considéré comme un des lieux de rendez-vous et de rencontres les plus importants par les jeunes et les moins jeunes. Contrairement aux cafés et aux autres lieux appréciés de la place, la station de tramway est perçue comme la porte du centre-ville et le point de départ de l'aventure urbaine. La latitude symbolique qu'offre cet espace aux jeunes, mobilise chez eux un registre de valeurs positives : c'est un lieu sympathique, ouvert, vaste, clair, pratique, etc. associé à un *look* jeune, *fun* et *cool*. Malgré son appartenance au pôle d'échanges, l'arrêt du tramway, en tant que lieu fort de sociabilité chez les jeunes et d'investissement de leur part, n'a pas, pour ainsi dire, réussi à « irradier » par ces significations le reste de cette plate-forme des transports en communs, jugée généralement morne, austère et froide.

2. « Topographie » des lieux et contre-espace

Il s'agit en fait de tenter de représenter les projections de sens qu'occasionne l'appropriation de l'espace, en affectant les formes des qualités et des responsabilités que leur attribuent les individus par « transvasement » (M. Bonetti, 1974, p. 19). Mais, comme nous l'avons dit précédemment, cet essai doit être compris à sa juste mesure. Loin de prétendre « dessiner » les projections multiples des individus, ce qui est en soi une gageure, l'exercice se fixe l'objectif de rendre compte, au moins partiellement, des décalages entre l'espace conçu et celui vécu. Il est certes périlleux et ne peut qu'être réducteur face à la richesse et à la complexité de l'appropriation, mais nous pensons que le jeu en vaut la chandelle, car se hasarder à transcrire la configuration de l'espace des usagers par le biais des outils spatiaux du concepteur, c'est montrer – même de façon partielle – à quel point l'espace conçu peut s'avérer décalé par rapport à leurs projections. Une confrontation *a posteriori* de cet essai « topographique » au regard des individus aurait, sans doute, permis de l'ajuster davantage à leurs réalités, une position qui a, en tout cas, valeur d'ouverture pour ce type d'analyse.

Cette opération est ainsi envisagée comme une manière d'apprécier l'aptitude de l'espace à être investi par les individus. Cette perspective s'appuie sur l'idée d'Henri Raymond[241] (1976) qui attribue la capacité d'un espace à être plus ou moins approprié par les individus, à ses qualités propres. Il peut aussi bien offrir des potentialités aux projections multiples et aux nombreux modes d'utilisation et de perceptions que leur opposer des obstacles et des contraintes. Dans le premier cas, les propriétés spatiales révèlent un

---

[241] RAYMOND (Henri), 1976, « Quelques aspects pratiques de l'appropriation de l'espace », actes de la conférence de Strasbourg, *Appropriation de l'espace*, éd. scientifique P. Korosec et Serfaty.

espace potentiel[242] dont la valeur architecturale permissive a un impact sur les possibilités de valorisation symbolique qu'il permet. Dans le second cas, l'appropriation est confrontée aux contraintes de l'environnement urbain, notamment à la rigidité plus ou moins grande de l'aménagement de certains lieux, la compétence des habitants va alors s'ingénier à les adapter en les reconfigurant, en les retournant, en les détournant, etc. Ainsi, en même temps que les « topographies » donnent une idée des aptitudes de l'espace à être investi, elles mettent en évidence les compétences des habitants à qualifier les lieux et à déjouer les contraintes à l'appropriation.

Il va sans dire que la structure de correspondance entre espace physique et espace social est façonnée selon un processus complexe dont nous effleurons à peine les contours dans ce travail. Il donne lieu à des opérations complexes où l'espace, comme système de virtualités se construit dans l'inconscient collectif comme une surface sous-jacente (P. Pellegrino[243], 2000, p. 53).

> *« [...]au niveau le plus profond il est fait d'inclusions réciproques, d'exclusions et d'intersections plurielles, de dédoublements et d'inversions, de déplacements de positions ; autant de voiles et de dévoilements possibles de l'identité du sujet dans la conscience qu'il a de soi, dans ses relations à l'autre »* (Pierre Pellegrino 2000, p. 53).

L'appropriation apparaît alors comme un bricolage complexe de matériaux spatiaux, de significations attachées à différents espaces qui sont projetées sur le lieu de vie, qui s'amalgament au sens dont celui-ci est potentiellement porteur. Un bricolage qui distingue les espaces et les hiérarchise, selon des lieux aimés et partagés, des lieux d'évitement ou encore des lieux carrément « niés ». Se joue ainsi, la reconstruction du rapport imaginaire à l'espace qui est reconfiguré par la capacité des individus à y loger des images d'ailleurs. Dans cette projection, l'espace doit, bien entendu, accepter les images

[242] Au sens où l'entend Michel Bonetti (1994, p. 37) pour l'habitat.

[243] PELLEGRINO (Pierre), 2000, *Le Sens de l'espace. La dynamique de l'espace*, Paris, livre II, éd. Anthropos, coll. La bibliothèque des formes, 262 p.

venues d'ailleurs et les transferts de sens, sinon l'appropriation des individus aboutit à opacifier les lieux ou à les effacer.

Sans doute, peut-on envisager une multitude de « topographies », chacune nuancée par les spécificités sociales des individus. On peut imaginer, par exemple, une « topographie » des symboles accrochés aux lieux, une autre sur l'imaginaire, etc. Chacune de ces « topographies » déboucherait ensuite sur des déclinaisons selon les spécificités sociales des individus et leurs différences de modes de vie et d'urbanité. La fréquentation du marché est différente selon qu'il propose ou non la friperie ; l'achalandage des Casinos du quartier « sélectionne » la clientèle ; le choix de faire ses courses à Auchan ou à Casino indique des modes de consommation différents, etc. Les usages relèvent ainsi de significations multiples, notamment ceux liés à la rencontre et aux relations sociales. Ainsi, une personne âgée ira au marché ou chez l'épicier, pour faire ses courses et pour bavarder avec les commerçants et les autres clients, mais aussi pour briser son isolement. Un jeune donnera rendez-vous à ses copains devant la passerelle, à l'arrêt de tramway ou au café, car c'est là que tout se passe, sinon on n'est pas dans le coup. Les usages de loisirs et de détente, comme faire un tour dans la place, aller au square ou au café, sont parmi les plus fréquents. Ils peuvent correspondre à la recherche de la rencontre des autres et de leur spectacle, comme de l'ostentation et de la représentation sociale[244]. Des usages peuvent paraître *a priori* utilitaires (achats, déplacements pour le travail, visite chez le médecin, etc.), pourtant chacun d'eux renvoie à des sentiments et des significations. Toutes ces activités sont évidemment spécifiques au mode de vie de chaque individu et diffèrent selon le sexe, l'âge et le milieu social. Les lieux privilégiés pour chaque usage sont également distincts selon les individus. Inversement, les

---

[244]*« Je ne m'habille pas n'importe comment pour sortir dans le quartier surtout au marché [...] Les commerçants qui remarquent vos nouvelles chaussures, leur marque, n'hésitent pas à le crier. »* (Extrait d'entretien avec Mme L., professeur de français à la retraite). *« Je fais plusieurs fois le tour de la place avec ma "caisse". Je stationne en double position devant le bar pour faire baver les potes. »* (Extrait d'entretien avec M. P., employé à Casino, 26 ans)

propriétés spatiales des lieux pèsent sur les types d'usage qui s'y effectuent.

Tenant compte de ces considérations et des écueils que présente la transcription dans l'espace euclidien des marquages de l'espace par l'appropriation, nous proposons d'en privilégier les traits saillants communs à une majorité d'individus. Le plus manifeste dans les pratiques des résidants, c'est lorsqu'ils opèrent de façon synchrone à « l'annulation » de certains lieux et à la sur valorisation d'autres. Les différentes « topographies » se dévoilent ainsi comme une sorte de « négatif » où apparaissent de forts contrastes entre l'opacité plus ou moins importante de certains espaces et la surimpression d'autres. Dans tous les cas, chaque site affecté de sens est alors inscrit dans une hiérarchie et joue un rôle précis dans le quotidien des individus. La hiérarchie représente pour ainsi dire une échelle des liens affectifs dont la traduction va de l'occultation au surinvestissement des lieux.

> *« Ou bien ils traversaient l'opacité des lieux – médiation nécessaire mais oubliée – [...] Ou bien ils nouaient leurs existences communes à même la pâte urbaine. »* (P. Sansot, 1999, p. 257).

Force est de constater que lorsque les lieux sont considérés comme de véritables « phares » de la vie sociale et bénéficient à ce titre de sur valorisation par les individus, ils coïncident avec la centralité. Rien d'étonnant, puisque la centralité cristallise les valeurs positives accrochées au quartier et, inscrite dans son histoire, elle en est le principal vecteur d'intégration et de valorisation. La place Bellevue et la centralité qu'elle représente aux yeux des habitants fait apparaître un lieu particulièrement investi. Lorsque nous nous amusons à dessiner les itinéraires multiples des individus sur la place, on ne peut s'empêcher de penser à l'idée de théâtralisation du quotidien dans l'espace public suggérée par Pierre Sansot :

> *« Nous ne nous étonnons pas de voir les mêmes personnes sortir par l'une de ces rues et y revenir par une autre, multiplier de fausses sorties et de fausses entrées de théâtre. Car la ville a cessé d'exister en dehors de la place. Elle devient comme un décor auquel*

on feint de croire, auquel on accorde par convention, une apparence de profondeur. » (1999, p. 260)

A travers ce « désordre » apparent, se manifeste une véritable structuration de l'espace, où les espaces sont individualisés et en même temps hiérarchisés en lieux préférentiels et en lieux honnis.

Les « topographies » proposées rendent compte des différences de maîtrise de l'espace urbain selon l'âge des individus. Les jeunes entre quinze et vingt ans font apparaître deux lieux forts sur le pourtour de la place : la rue Robespierre et le lieu formé par l'arrêt de tramway et la passerelle qui relie le quartier aux lycées. Les autres lieux de la place seront plus ou moins affectés d'opacité, jusqu'à être « annulés ». La multitude et l'effervescence qui caractérisent le lieu entre l'arrêt du tramway et la passerelle rappellent aux jeunes l'entrée des concerts ou des boîtes, *« c'est là que tout se décide et c'est là qu'on mate sans être vu »*. Il est significatif de voir de nombreux jeunes prendre leur sandwich assis sur la passerelle, alors qu'ils sont à quelques mètres du nouveau jardin. La rue Robespierre est évoquée, quant à elle, pour ses cafés, particulièrement appréciés des jeunes. Ils peuvent y passer l'après-midi à *zeler*[245], à discuter ou à échanger des informations. En dehors de la rue Robespierre et du lieu formé par l'arrêt de tramway et la passerelle, les autres espaces sont, sinon « effacés » par les jeunes, du moins attribués par eux aux autres habitants : le marché, aux vieux et le jardin, aux enfants et aux mamans. Les jeunes sont les seuls à procéder à cette affectation des espaces qui ressemble à un partage territorial et à une mise à distance des autres, et de leur contrôle social[246] oppressant. En somme, les rares lieux privilégiés des jeunes, ainsi que ceux qu'ils utilisent pour l'évitement, définissent un espace pour le moins restreint, symptomatique de celui de leur liberté dans le quartier. Sans doute compensent-ils cette restriction grâce à leur liberté de s'approprier le centre et

---

245 A l'aise en verlan.

246 *« [...] si tu fumes, ils te bouffent avec leurs yeux. » ; « Ils te regardent comme si tu allais sauter sur leurs thunes. »*

d'autres lieux de la ville, pour lesquels ils accordent une large place dans leur discours ?

Le marché, la rue Robespierre et le square Amouroux sont les lieux privilégiés des seniors[247]. En revanche, le jardin, le pôle d'échanges, le parking et la rue Gabriel Péri seront plus ou moins marqués d'opacité. La « topographie » des seniors intègre finalement les espaces qui leurs sont traditionnels ou habituels et écarte ceux de création récente. Quant à la population de la tranche d'âge intermédiaire[248], elle agrège quasiment les deux « topographies » précédentes et pratique indifféremment les lieux des plus jeunes, comme ceux affectionnés par les seniors. La clinique et, dans une moindre mesure, le jardin sont, au contraire, affectés d'opacité par cette population. Les individus de cette tranche d'âge ont incontestablement plus d'amplitude spatiale dans leur « topographie » qui reflète finalement une plus grande liberté d'appropriation.

---

[247] Plus de 60 ans.

[248] Entre 25 et 55 ans.

Fig. 6 – « Topographies »

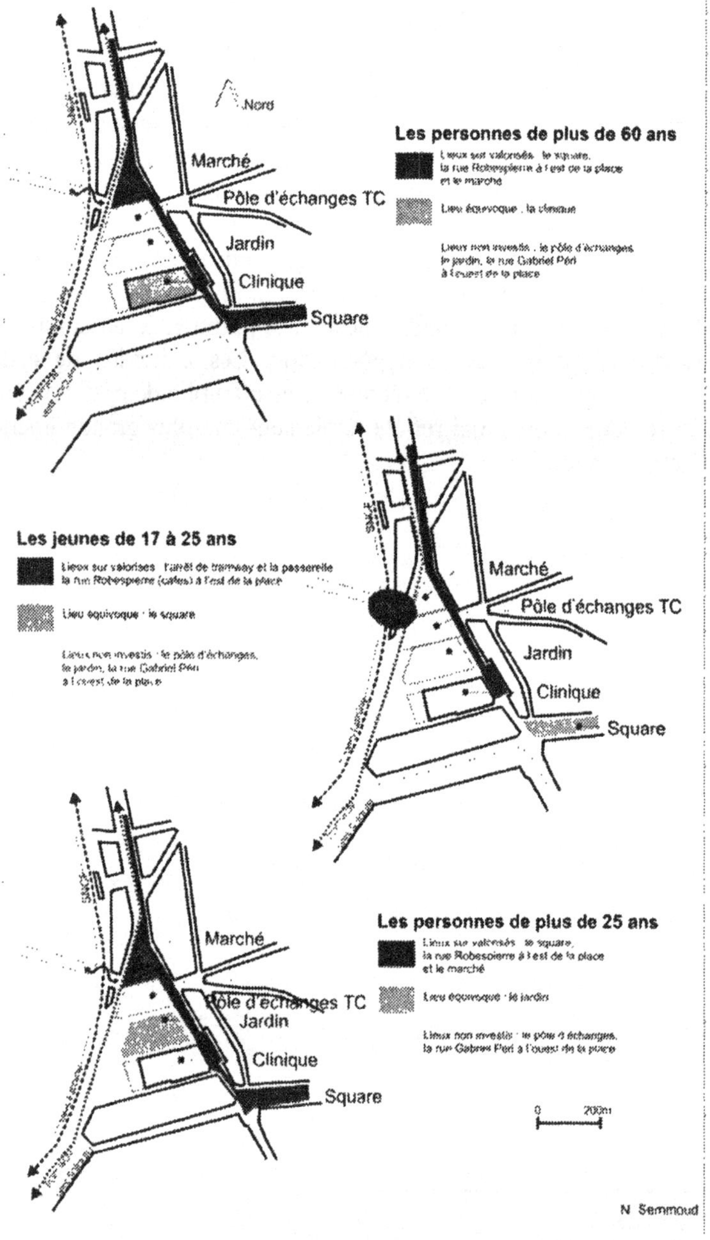

Fig. 7 – Les lieux

Si la configuration des « topographies » nous a paru relativement manifeste dans le discours des individus, les limites du quartier apparaissent pour le moins ambiguës. La notion même de limite est posée à travers la géométrie variable du quartier et ses diverses significations. Tout ce passe comme si en procédant par l'exclusion ou l'inclusion de lieux, l'individu évide le quartier et y accroche des excroissances, sans pour autant définir un périmètre. L'inclusion et l'exclusion correspondent respectivement à la valorisation et à l'annulation de certains espaces qui ont ou n'ont pas l'aptitude d'appartenir au quartier. Cette notion d'appartenance ou non de certains lieux au quartier supplante celle de sa délimitation traditionnelle par un périmètre. Par exemple, certaines personnes, interrogées explicitement sur les limites du quartier, citent le square, la rue Robespierre, le marché et l'arrêt de tramway. Dans ce cas, la clinique, le jardin et le pôle en sont exclus. Il y a comme une sorte de refus tacite des habitants de définir un périmètre géométrique, car il supposerait l'inclusion des espaces annulés. Géométriquement, le discours sur les limites définit des lignes non fermées, des points et des aires qui peuvent être soit articulés, soit éclatés. La réticence des individus à discourir sur les limites de quartier reflète leur circonspection vis-à-vis d'une démarche institutionnelle arbitraire d'exclusion symbolique de leur territoire d'appartenance. Les « topographies » désignent à la fois des lieux ou des itinéraires proches de la place et des endroits qui s'en écartent sensiblement. Par exemple, certaines « topographies » peuvent s'étendre au quartier de Centre II, à la rue du Guizay[249]. Ainsi, le quartier gagne en substance à chaque fois que des subjectivités s'entrelacent par la médiation obligée d'un ensemble de rues, de murs, de lieux (P. Sansot, 1999, p. 256). De cette façon, les « topographies » des habitants donnent de l'épaisseur à la place et font voler en éclat le triangle emblématique des projets officiels. Les individus inversent la représentation officielle en donnant corps au quartier et en « évidant » en partie la place. Cette opération de « retournement » fait penser aux jeux de centrations et de décentrations dont parle Pierre Pellegrino (2000, p. 55). Traduits par des jeux d'opacité et de transparence dans les « topographies » des habitants, ils correspondent à des

[249] Située au Sud-Est de la place.

connotations secondes qui non seulement se surimposent aux connotations premières des objets quotidiens, mais elles s'y substituent pour un temps (P. Pellegrino[250], 2000, p. 66).

En identifiant les lieux dont se détourne la population et les espaces potentiels, les « topographies » établies indiqueraient du même coup les éléments de ce que Henri Lefebvre (2000) nomme le contre-espace. Il traduit en fait la recomposition sociale de l'espace subséquente à une action d'aménagement, où le processus d'appropriation surimpose à l'espace conçu des superpositions, des inversions, des conversions, des annulations, etc. Des opérations d'ajustement à (et de) l'espace conçu qui traduisent bien la confrontation entre les pratiques des usagers et les pratiques urbanistiques, liées aux représentations des acteurs politico-administratifs et des professionnels. Ce verdict des habitants à l'encontre de l'espace conçu témoigne, d'une certaine manière, des formes de la réception sociale de l'aménagement.

> *« ...non mais ! Ils voulaient nous mettre un abricotier dans l'jardin ! Ah j'me suis mis dans l'trou qu'ils avaient fait pour mettre cet arbre et j'leur ai dit que j'en voulais pas, qu'j'avais plus de dents et que j'pouvais pas manger les abricots ! Mais non, ils sont têtus, ils l'ont planté ! J'm'en fous, j'leur ai fait crever ! »*[251].

En dernière instance, l'appropriation, par la médiation de l'espace produit, se confronte aux représentations des professionnels de l'aménagement, dont la caractéristique est de manipuler l'espace. L'action du concepteur correspond à une instrumentation de l'organisation spatiale, à travers les outils comme l'iconographie ou les normes. Autrement dit, le contre-espace est issu de cette confrontation entre ce qui est fait de l'espace par les professionnels de l'aménagement et ce qui se fait dans l'espace par les usagers en terme de perçu et de vécu. Le contre-espace est aussi une forme d'expression *a posteriori*

---

[250] Citant Umberto ECO, *La Structure absente*, 1968, trad. Fr. Mercure de France, 1972.

[251] M.B., ouvrier à la retraite résidant à la Cité Michelin de l'Oradou (Clermont-Ferrand) cédée à un organisme HLM. Une opération de réhabilitation est alors engagée qui prévoit la plantation d'arbres fruitiers dans les jardins.

de la demande sociale en matière d'organisation spatiale. Esquisser les traits les plus significatifs du contre-espace, revient aussi à traduire, d'une certaine façon, le contre-projet. Les habitants, dans leur évaluation, n'omettent aucun détail des propriétés spatiales produites par l'urbanisme, ni les défauts de certains revêtements, ni les erreurs de positionnement des bancs et autre mobilier urbain, pourtant ils établissent une hiérarchie des aspects les plus contraignants des lieux pour lesquels l'investissement social s'avère laborieux. L'organisation du « Jardin des utopies », systématiquement opposée à celle du square Amouroux, devrait s'inspirer des mêmes propriétés spatiales. Ainsi, le jardin gagnerait en superficie, les grilles disparaîtraient et des arbres feuillus à hautes tiges seraient plantés. Le pôle d'échanges, dont la surface réduite et les mâts moins imposants, s'inscrirait dans un espace paysager qui prolongerait le jardin. Le parking serait restreint pour laisser place aux terrasses de cafés et la circulation sur les rues Robespierre et Gabriel Péri serait considérablement ralentie. La volumétrie de la clinique serait débarrassée des cheminées de la toiture et l'entrée au funérarium serait déplacée vers la façade sud.

Force est de constater que dans les réunions publiques, les conditions ne sont pas toujours réunies pour permettre aux individus de formuler *a priori* ce contre-projet. Sa formulation de manière plus ou moins cohérente reste dépendante des conditions d'expression de la demande sociale et du rapport à la parole des groupes sociaux. Cependant, quand bien même, les conditions démocratiques seraient réunies, il reste encore à accéder aux significations sociales, symboliques et imaginaires qui s'amalgament à l'espace physique. Accéder à ces dimensions permet d'éviter les écueils des interprétations mécanistes du dire des individus sur les propriétés spatiales. Le fait même que le discours des individus s'oriente pour un lieu sur ses propriétés spatiales et pour un autre sur ses significations, témoigne des différences de perception et de vécu des espaces. Les lieux qui suscitent un discours axé essentiellement sur les propriétés spatiales, d'où sont évacuées les significations, ne représentent pas forcément l'espace potentiel. Lorsque les gens évoquent les espaces aménagés, se dégagent clairement deux champs d'appréciation significatifs des aptitudes qu'ils offrent à être investis ou non. Le premier se limite à un discours sur la fonctionnalité ou la dimension utilitaire des espaces, tel que le pôle d'échanges, et le second porte sur l'affectivité que suscitent certains espaces, comme le marché, d'emblée associé à l'idée de convivialité. Tout se passe comme si l'aménagement du marché n'avait pas perturbé l'esprit du lieu, tandis que son effet sur d'autres espaces s'avère être leur inaptitude à susciter du sens.

Conclusion de la troisième partie

Le quartier face aux politiques de mixité sociale

La figure du quartier populaire, telle qu'elle apparaît à l'issue de cette partie, entraîne inévitablement des interrogations sur la thématique de la mixité sociale et des politiques dont elle fait l'objet. Mais, plus globalement d'abord, la figure du quartier populaire pose la question de la place de ce micro-territoire dans les processus actuels de ségrégation et d'agrégation urbaines. Face aux thèses de sécession[252] urbaine, développées par Marie-Christine Jaillet et Jacques Donzelot, comment situer alors le quartier, tel qu'il apparaît dans les anciens faubourgs ouvriers, et la cohabitation qu'il configure entre groupes sociaux divers ? Jacques Donzelot[253] analyse le phénomène de fragmentation urbaine à travers les situations extrêmes qu'il produit :

> *« C'est un fait : la ville, autrefois agglomérante depuis son centre ou ses activités industrielles, a aujourd'hui tendance à se fragmenter en une multiplicité d'archipels obéissant à une logique de regroupement affinitaire (comme les communautés fermées américaines) ou par*

---

[252] M.-C. Jaillet privilégie le terme *sécession* à celui de *ségrégation* parce qu'il rend compte du risque de désolidarisation. *« La ville est socialement ségrégée, c'est un mécanisme constitutif des sociétés modernes qui n'est pas d'emblée antinomique du faire-société, tant qu'il y a dans la ville des lieux, des moments, des opportunités de ce rencontrer, de faire ensemble. Mais dans la ville où les individus ne se sentent plus interdépendants les uns des autres, quand* a fortiori *il n'y a plus d'occasions d'interaction concrète, de rencontre de l'autre, ou de la figure de l'autre dans sa différence, le risque est d'une autre nature : c'est bien ce que vient signifier la notion de sécession. »* JAILLET (Marie-Christine), 2002, « Ces Quartiers dont on parle », *Les « 5 à 7 »*, n° 3, publication *Profession banlieue*, Centre de ressources pour la politique de la ville en Seine-Saint-Denis, intervention retranscrite par MADELIN (Bénédicte).

[253] DONZELOT (Jacques), 1999, « La Nouvelle politique urbaine », *Quand la ville se défait*, *Esprit* n°11, nov. 1999, p. 87.

défaut (la cité de relégation, où ne restent que ceux qui n'ont pas pu la fuir). » (J. Donzelot, 1999).

L'auteur conclut son raisonnement par la question substantielle que soulève cette dynamique de fragmentation : celle de la capacité politique de la ville à « faire société ». De la même façon, Marie-Christine Jaillet (2002, p. 20) souligne que si la situation des villes françaises et européennes n'est pas comparable aux *gated communities* américaines, en raison de la vigueur du fait communal, il existe cependant des entre soi sociétaux et des pratiques de la sécession, comme les réticences que manifestent certains groupes à ce que leurs impôts locaux soient destinés aux populations des quartiers de la géographie prioritaire[254]. Cette analyse s'appuie en partie sur l'exemple de Toulouse, où les faiblesses de l'intercommunalité témoignent des difficultés politiques à retrouver le chemin de la solidarité.

Comment alors situer dans ces processus de ségrégation urbaine les quartiers anciennement ouvriers qui accueillent aujourd'hui les couches moyennes ? S'agit-il de situations d'exception qui confirment la règle ? S'agit-il de quartiers en situation transitionnelle dans les processus de fragmentation ? Ou assiste-on, au contraire, à de véritables dynamiques d'agrégation ? Toujours est-il que, dans de nombreux quartiers traditionnellement ouvriers, l'installation de ménages aisés est motivée, autant par les coûts économiques de l'immobilier et la proximité du centre, que par l'esprit village, les ressources et l'image sécurisante de ces micro-territoires. Ces ménages corroborent leur choix résidentiel, en indiquant qu'ils ont écarté aussi bien les quartiers huppés, où ils ont eu pourtant des propositions d'acquisition immobilières équivalentes, que le périurbain. Réaffirmant leur urbanité, ils rejettent l'idée de s'installer dans le périurbain, mais considèrent, par ailleurs, leur résidence secondaire comme un bon compromis. C'est pour toutes ces considérations que nous rejoignons pour notre part, la proposition d'Henri Raymond[255] (2001, p. 9)

---

[254] M.-C. Jaillet fait référence ici, à un rapport du Conseil National des Villes (CNV) où les maires s'exprimaient sur la difficulté que rencontraient les communes à faire valoir le principe de discrimination positive. (2001, p. 20)

[255] HAUMONT (Nicole) (dir.), 2001, *La Ville : agrégation et ségrégation sociales*, préface de RAYMOND (Henri), Paris, L'Harmattan, coll. Habitat et sociétés, 219 p.

d'œuvrer à une sorte de réhabilitation de l'agrégation et ainsi de la mettre en route pour mieux comprendre la manière dont les communautés sont en relation les unes avec les autres dans l'espace urbain.

Dans cette perspective, il nous semble plus pertinent de chercher le sens de cette cohabitation sociale du côté des mutations qui affectent la structure sociale de la société. L'idée, en particulier, du rapprochement des modes vie et des niveaux de revenu entre un pan du milieu des cadres et une fraction des ouvriers, des employés et des personnes de catégories intermédiaires, est une piste d'analyse adéquate. Effectivement, les ménages d'ouvriers retraités ont pu accéder à un niveau de vie plus élevé (acquisition de logement, de voiture, vacances à l'étranger, etc.), grâce à des retraites correctes, à une épargne draconienne, parfois à un héritage et surtout à l'aide des enfants (une génération qui a pu procéder à sa mobilité sociale grâce aux études et à la formation). Quant aux jeunes ouvriers interviewés, dont le niveau d'instruction et de qualification est bien plus important que leurs parents, ils ont manifestement un niveau de vie sensiblement plus élevé que leurs aînés. Toujours est-il que ces éléments monographiques se font l'écho des thèses actuelles sur les mutations qui touchent la structure sociale de la société[256], notamment celles qui affectent la classe ouvrière et sa figure traditionnelle. Outre la diminution du nombre d'ouvriers[257], le premier grand changement qui affecte cette catégorie est qu'elle travaille de plus en plus souvent dans les services. Ainsi, en 2001, en France, il y a plus d'ouvriers[258] qui travaillent dans le tertiaire que dans le secondaire. Même dans le secteur secondaire, les ouvriers effectuent beaucoup

---

[256] BOLTANSKI (Luc), CHIAPELLO (Eve), 1999, *Le Nouvel esprit du capitalisme*, Paris, Gallimard, 843 p. ; CASTEL (Robert), 1995, *Les Métamorphoses de la question sociale. Une chronique du salariat*, Paris, Fayard, coll. « L'espace du politique », 813 p. ; LOJKINE (Jean), 1986, *La Classe ouvrière en mutations*, Paris, Messidor, Editions Sociales, coll. Société ; ROSANVALLON (Pierre), 1995, *La Nouvelle question sociale*, Paris, Seuil, 223 p.

[257] Les ouvriers étaient encore plus de 7 millions en 1982, ils étaient 6,5 millions environ en 1990 et 5,9 millions seulement en 1999.

[258] Ces ouvriers ont des fonctions d'entretien et de maintenance.

moins souvent des tâches de production au sens strict, car celles-ci sont de plus en plus automatisées. On a donc un développement des tâches de tri, d'emballage et de manutention, d'un côté, et un développement des tâches de surveillance, de contrôle et de réglage des machines automatisées, de l'autre. La deuxième transformation concerne l'élévation du niveau de qualification[259] des ouvriers, même s'ils exercent souvent un emploi disqualifiant. Ainsi leurs conditions de vie s'égalisent avec celles d'autres groupes sociaux et on assiste à une imbrication croissante entre ouvriers et employés qui sont rejoints par les professions intermédiaires, les personnels de l'enseignement ou de la santé, les fonctionnaires ou assimilés, les agents de maîtrise et les techniciens. Ce processus décrit par Jean Lojkine est en partie lié au développement des nouvelles technologies d'information et de communication.

> *« L'informatisation de la production matérielle et des services fait ainsi surgir des passerelles et des continuums entre travailleurs intellectuels et travailleurs de la production matérielle. »* (J. Lojkine, 1986).

Les mutations de la structure sociale de la société invitent donc à s'écarter des images socialement homogénéisantes et globalisantes qui peuvent affecter aussi bien les quartiers dits difficiles que les banlieues pavillonnaires aisées. Dans cette optique, les analyses doivent porter autant sur les phénomènes de ségrégation sociale et d'entre soi, que sur les processus d'agrégation, dévoilés surtout par l'étude de trajectoires individuelles. Des travaux[260] monographiques sur les quartiers Nord[261] de Clermont-Ferrand font apparaître un territoire hétérogène, autant du point de vue des trajectoires sociales de la population[262], que des types d'habitat et des statuts d'occupation

---

[259] Il y a davantage de diplômes professionnels tels que CAP ou BEP.

[260] Maîtrises de géographie sous ma direction, soutenues en 2001 et 2002.

[261] Quartiers concernés par la Politique de la ville.

[262] En 1999, les quartiers Nord comptent 36,6 % d'ouvriers contre 28 % dans l'agglomération, 37 % d'employés contre 33 % dans l'agglomération, 4 % de cadres et professions libérales contre 12 % dans l'agglomération et enfin un taux de chômage de 16,6 % contre 12 % pour l'agglomération. Au-delà de la

des logements. Pourtant, dans ce cas, la stigmatisation et l'image globalisante sont construites à partir de la population la plus fragile. Déjà dans les années 1970, l'article célèbre de Jean-Claude Chamboredon[263] et Madeleine Lemaire faisait voler en éclat l'illusion de la moyenne dans les analyses de peuplement des grands ensembles et soulignait l'impact des politiques d'attribution des organismes HLM sur l'hétérogénéité sociale de leur clientèle.

Les opérations d'homogénéisation sociale affectent également des quartiers dont l'image est valorisée, simplement par l'existence d'un groupe social dominant, non pas par le nombre, mais par le fait que son mode de vie est un modèle pour les autres couches du voisinage. C'est ce que nous montrent les travaux[264] menés sur Clémensat et Saulzet-le-Chaud[265], deux bourgs qui se distinguent par un paysage pavillonnaire huppé dont la population est en majorité composée d'enseignants à la retraite, d'employés de la Banque de France[266], de techniciens à Michelin et de retraités. Mais, ce qui marque l'image de ces bourgs périurbains, c'est la présence de couches moyennes supérieures composées de cadres dirigeants et de professions libérales dont l'habitat huppé avoisine des pavillons plus modestes. C'est en définitif l'image dominante de ce groupe social qui suscite le mimétisme chez les autres et imprègne le lieu de représentations valorisantes. Tout compte fait, l'homogénéisation sociale procède de la mise en scène d'un groupe social dominant par son image qui irradie le reste des habitants en disqualifiant dans un cas et en valorisant dans l'autre.

L'homogénéisation sociale suppose des amalgames qui conduisent à des équations mécanistes, où, par exemple, les

---

statistique, les enquêtes révèlent, parmi les bénéficiaires du logement social, la présence de cadres et techniciens supérieurs confirmés en activité, au chômage (hormis les personnes récemment diplômées) ou en phase de réinsertion professionnelle. Souvent des personnes qui ont été contraintes d'abandonner leur statut de propriétaire pour passer à celui de locataire en HLM.

263 CHAMBOREDON (Jean-Claude), LEMAIRE (Madeleine), 1970, « Proximité spatiale et distance sociale. Les grands ensembles et leur peuplement », *Revue Française de Sociologie*, XI, pp. 3-33.

264 Maîtrise initiée sous ma direction en 2002.

265 Deux bourgs de Romagnat, dans le périurbain du sud de Clermont-Ferrand.

266 Gros employeur local.

quartiers dits difficiles sont systématiquement associés à l'anomie sociale. Cependant, ces représentations et leur prisme déformant deviennent davantage problématiques lorsqu'ils nourrissent les logiques politiques de mise en œuvre de la mixité sociale. Ces dernières s'appuient ainsi sur des hypothèses erronées qui n'envisagent les quartiers dits difficiles qu'à travers le prisme du ghetto et du communautarisme ethnique ou intégriste, et qui occultent en tout cas les ressources sociales que recèlent ces micro-territoires. Ces représentations transparaissent à travers les principaux arguments des politiques actuelles de mixité sociale, analysées par Marie-Hélène Bacqué (2003).

> *« Le premier défend qu'une certaine mixité sociale est indispensable pour aller vers plus de justice sociale ; l'autre que la mixité est, en soi, une valeur éthico-politique à défendre (à côté ou contre d'autres valeurs telles que l'intégration, le métissage ou le développement séparé). »* (M.-H. Bacqué, 2003, p. 105).

L'argument, qui assimile la mixité sociale à une valeur éthico-politique, envisage les couches moyennes comme un modèle de comportement social. Il part du principe que les couches inférieures peuvent s'élever en fréquentant les couches sociales supérieures (M.-H. Bacqué, 2003, p.107). Cette optique nie les ressources et le capital social qui existent au sein des quartiers populaires et considère les couches moyennes comme seules capables de produire du lien social.

> *« Le plus problématique dans cette rhétorique est peut-être qu'elle a un effet performatif qui tend à faire des couches moyennes le point de référence du "lien social" et qui rend par-là difficile aux classes populaires de retourner positivement le stigmate pesant sur elles. Elle tend à les enfermer dans un filet paternaliste et pas forcément toujours bienveillant. »* (M.-H. Bacqué, 2003, p. 107).

A notre sens, une politique de mixité sociale, envisagée comme un moyen de justice sociale, a plus de chance de jouer son rôle de régulation, eu égard au caractère fondamentalement inégalitaire de la société. La mixité sociale s'inscrit alors dans une politique de justice sociale à l'échelle d'un territoire, où l'attraction des couches de niveau social élevé est conçue comme un biais par lequel favoriser les plus démunis. Il s'agit en fait, d'un système de solidarité organisé par l'action du politique à l'échelle territoriale.

> *« La mixité apparaît dans cette optique comme la condition nécessaire d'une politique redistributive favorisant les plus démunis (à travers des mécanismes directs comme la modulation des impôts locaux et les systèmes de quotient familial ou indirects comme l'importance de couches moyennes bonnes payeuses et fortes consommatrices dans l'équilibre financier du logement social ou le maintien de certains commerces de proximité). »* (M.-H. Bacqué, 2003, p. 105).

Cependant, la brèche introduite par la loi SRU[267], qui propose l'acquittement de sanctions financières par les communes n'atteignant pas le seuil de logements sociaux requis, peut être un moyen de contourner le texte et de fragiliser les politiques de mixité sociale dont la finalité est la justice sociale. Les portes de sortie entrouvertes par les textes, qui fournissent à la fois une règle et l'alibi permettant de ne pas la respecter, risquent fort d'engendrer de nouvelles inégalités (M. Pinçon, M. Pinçon-Charlot, 2002, p. 40).

Le présent travail n'a évidemment pas la prétention, ni de répondre aux questions complexes soulevées par les politiques de mixité sociale, ni de trancher sur la capacité politique de la ville à faire société. Il invite plutôt à regarder de plus près les formes de recomposition des quartiers populaires qui apparaissent comme des lieux de cohabitation sociale et d'agrégation sociale, des lieux où se construit une identité collective, des lieux où des individus aux trajectoires sociales diverses gèrent la proximité spatiale en y trouvant chacun son compte, des lieux où simultanément des perspectives se débloquent pour les uns et des positions sociales s'affirment pour les autres, enfin des lieux où les représentations que chacun se fait des autres deviennent le ferment de cette

---

[267] Loi Solidarité et Renouvellement Urbains, n° 2000-1208 du 13 décembre 2000.

acceptation de l'altérité. C'est pour toutes ces raisons que, nous rejoignons, pour notre part, Marie-Hélène Bacqué lorsqu'elle met en perspective la mixité sociale avec une politique qui consisterait à organiser la promotion du choix des individus dans leurs trajectoires résidentielles. Bien entendu, cette politique n'a de sens que si elle cible les catégories sociales défavorisées et leur accorde la priorité. Ce qui supposerait un autre regard sur les quartiers populaires, les ressources et le capital social qu'ils représentent.

CONCLUSION GENERALE

Loin d'être une simple évaluation des effets sociaux de l'aménagement, la réception sociale de l'urbanisme ne peut être intelligible qu'inscrite dans les rapports de nature dialectique entre les conditions de production de l'espace et les formes de recomposition sociale qu'elles induisent. En tout cas, ce sont les conditions d'appropriation de l'espace par les individus qui révèlent en dernière instance le processus de recomposition sociale spécifique et subséquent à une opération d'aménagement. Au contact de la nouvelle organisation urbaine, les individus transforment leur façon de se comporter dans l'espace urbain, en même temps qu'ils font évoluer les représentations et les valeurs accrochées aux lieux. Se superpose ainsi à l'espace conçu un système complexe d'usages et de significations qui résulte des opérations de rectification, d'ajustement et de réinterprétation des dispositions spatiales par la population. Dans ce même mouvement, la recomposition sociale de l'espace met en évidence les formes de convergence et de divergence entre espaces vécu et conçu et renvoie de cette manière aux conditions de production de l'espace. Ainsi, les formes de réception sociale de l'urbanisme se révèlent inscrites, pour une grande part, dans les figures même de l'urbanistique[268]. En fin de compte, la réception sociale de l'urbanisme correspond à la synthèse de deux processus, celui de la production de l'espace et celui de la recomposition sociale dont il est l'objet.

La recomposition sociale de l'espace

Lorsque l'urbanisme opère selon une logique de ménagement/aménagement, l'organisation sociale, particulièrement des anciens faubourgs ouvriers, échappe aux risques de

[268] Ainsi que nous l'avons précisé au début de ce travail, l'urbanistique est entendu au sens d'Henri Raymond (1990), repris par Jean-Pierre Frey dans son ouvrage sur l'urbanistique patronal au Creusot : l'urbanistique recouvre la confrontation des applications concrètes de l'urbanisme dans l'espace urbain aux pratiques sociales.

déstructuration, inhérents aux démarches autoritaires et aux options de transformations radicales. Dans ces conditions, les représentations sociales du quartier sont à même de construire un mode d'agrégation sociale et d'affirmer une convivialité, pour lesquels les nouvelles dispositions spatiales sont autant de moyens matériels. Les représentations sociales procèdent alors à une supplémentation, une opération qui confère à l'objet représenté, en l'occurrence le quartier, un surcroît connotatif, traduit par un discours romantique et consensuel sur ce lieu, où les conflits sont tus ou minorés. Le quartier est alors réinventé selon une construction sociale et un processus d'identification collective, où les représentations mobilisées sont à l'œuvre dans la cohabitation entre groupes sociaux divers. Le mythe du village et la fétichisation de la culture ouvrière chez les couches moyennes sont parmi les motivations explicites de leur installation dans les quartiers anciennement ouvriers. Des lieux qui répondent à leur quête de sécurité, qui leur donnent le sentiment d'être dans un milieu d'interconnaissance, où le capital social et la solidarité sont mobilisables à tout moment, et enfin, qui les conduisent par l'action collective à affirmer leur position sociale. Les anciens du quartier, généralement originaires du milieu ouvrier, considèrent quant à eux, la présence dans le quartier de couches aisées comme un gage de valorisation du quartier. Leur présence désenclave symboliquement le quartier, débloque des trajectoires et relance des projets individuels et collectifs. L'interaction des représentations de couches sociales aisées et de celles issues de milieux populaires, configure une interdépendance sur la base de l'équation sécurisation/valorisation. La communauté de quartier ainsi définie concourt à un système d'autorégulation des conduites dans les lieux publics du quartier et devient de fait, une réalité symbolique qui commande les comportements quotidiens au sein du quartier. Elle s'avère une image de référence dotée d'efficacité sur les interactions et un dispositif régulateur de la vie urbaine, voire le cadre pertinent ou même l'enjeu d'actions collectives spécifiques.

Les phénomènes d'appropriation de l'espace sont pétris des représentations que les individus se font des lieux. Ils se traduisent alors selon une simultanéité entre leurs usages et le système de significations, d'images et de symboles qu'ils accrochent à l'espace. Les phénomènes d'appropriation apparaissent ainsi, comme des mécanismes dynamiques dans la recherche d'équilibre et d'ajustement entre les représentations de l'espace des individus et les dispositions spatiales produites par l'aménagement. Autrement dit, il s'agit de processus de mise en conformité de l'espace conçu avec les représentations des individus. Ces derniers « reconfigurent » les dispositions spatiales par un système complexe qui conjugue leurs usages à leur relation affective aux lieux. Les modalités d'appropriation surimposent à l'espace conçu un contre-espace qui reflète la confrontation entre l'espace social et l'espace abstrait des concepteurs. Ce contre-espace est architecturé par des lieux de mise en scène ou au contraire d'évitement, par un système de repérage, d'intériorité et d'extériorité et par des valeurs sociales et affectives. Apparaissent ainsi de façon synchrone des lieux surinvestis et survalorisés, qui sont les lieux focaux de la vie sociale, et des lieux réfractaires aux projections de significations, qui sont sinon désertés ou quasiment « annulés », du moins réduits à leur dimension utilitaire. Ce contre-espace traduit également *a posteriori* le contre projet des usagers du quartier.

La nature des jeux relationnels des individus aujourd'hui a, sans doute, fait que la recomposition sociale du quartier se joue en grande partie au sein de l'espace public. Les usagers font de l'espace public une sorte de théâtre urbain de la vie sociale, en définissant des lieux où ils s'expriment sous des formes diverses, des lieux auxquels ils se réfèrent et avec lesquels ils entretiennent une relation affective. L'espace public est à la fois le lieu de la représentation sociale des groupes et d'expression de leurs spécificités sociales, et le lieu où se construisent les représentations du quartier par les interactions qu'il permet et le spectacle des sociabilités qu'il offre. C'est le lieu, par excellence, où se construit l'être ensemble à travers des confrontations et des réajustements constants. Il suppose l'expérience de la liberté, de l'altérité et de la diversité ; des expériences, qui requièrent l'apprentissage de la conduite selon un code d'usage implicite et mettent en œuvre l'acculturation des individus. Il constitue ensuite l'ensemble des moyens matériels de la convivialité, entendu comme les propriétés spatiales de l'espace potentiel aux interactions et aux projections diverses des individus. Pour toutes ces raisons, l'espace public fait l'objet d'une construction permanente, au fur et à mesure, des interactions entre citadins d'identités différentes, mais aussi, au fur et à mesure, des modifications qui affectent ses dispositifs spatiaux.

Les conditions de production de l'espace

Les représentations sont également efficientes dans l'analyse des politiques publiques en matière d'urbanisme ; elles permettent d'accéder à leurs logiques sociales, aux contradictions qui les traversent et aux formes de consensus auxquelles elles aboutissent. Dans ce sens, les divergences et les convergences des acteurs en matière de représentations traduisent les rapports dominants/dominés. Par ailleurs, les acteurs institutionnels, qui ont parfaitement compris l'efficacité des représentations sur la perception d'un territoire, agissent au cœur même de celles-ci, en mettant en œuvre une politique de transformation d'images. Ils s'attachent alors à synchroniser le marketing urbain avec les opérations d'urbanisme et les mutations de la morphologie socio-spatiale auxquelles elles donnent lieu. Les représentations, qui doivent devenir dominantes dans la perception d'un territoire, font alors l'objet d'une institutionnalisation. Il n'en demeure pas moins que, particulièrement pour les territoires au passé ouvrier, les représentations liées aux mentalités locales, issues de l'héritage des luttes ouvrières et caractérisées par des valeurs idéalisatrices, compensatoires et identificatoires, échappent à ces stratégies et ne manquent pas pour autant d'efficacité sur l'opinion. Ainsi, dans ces territoires en prise avec la reconversion économique, une mise en forme particulière de la réalité, focalisée sur le caractère populaire de la structure sociale considérée comme un handicap, va légitimer des stratégies de transformation d'image constitutives d'une politique d'attraction en direction des catégories sociales aisées et des opérateurs économiques. Paradoxalement, ces stratégies coexistent avec le désir de préserver les couches populaires et finissent par déboucher sur un urbanisme ambivalent. L'efficacité des mentalités locales sur les pratiques des acteurs institutionnels est telle, qu'elles jouent le rôle « d'antidote » face aux risques d'un urbanisme autoritaire et brutal. Tout se passe comme si l'histoire, les mentalités et les particularismes locaux reprenaient leur droit à la faveur de l'abandon de la violence du Mouvement moderne, pour peser sur l'urbanistique. Ainsi, on peut s'autoriser à penser qu'on ne produit pas le même urbanisme, par exemple à Bordeaux, qu'à Saint-Étienne.

Cependant, le jeu des acteurs locaux en matière d'urbanisme ne peut être intelligible, qu'à l'issue d'une analyse des enjeux de la recomposition du pouvoir des agglomérations. En général, cette dynamique fait émerger une nouvelle figure du gouvernement local, caractérisée par une pluralité d'acteurs et par des formes de régulation sociale en constante évolution. A cet égard, la notion de gouvernance urbaine s'avère pertinente pour l'analyse de cette dynamique. Confrontés à la mondialisation, les acteurs locaux doivent, d'un côté, faire face aux processus d'exclusion sociale de populations directement touchées par la désindustrialisation et le chômage de masse et, de l'autre, tenter de se situer dans le cadre de la concurrence entre les villes, pour attirer des investissements publics, des cadres, des entreprises et des services. L'inscription dans la gouvernance affirme davantage les logiques contradictoires et les hésitations permanentes, entre la perspective strictement « économisiste » visant l'extension du marché capitaliste et celle d'un développement local conçu dans l'optique de la démocratisation des institutions et de la mobilisation civique des citoyens. En même temps, ces contradictions, qui posent la question des perspectives à donner à la gouvernance urbaine, ne peuvent être résolues que dans un système de partage de la décision, où la gestion des affaires publiques repose alors sur un processus d'interaction/négociation entre intervenants hétérogènes et sur les conditions démocratiques de leur coopération.

Les mêmes contradictions se manifestent à travers les politiques urbaines mises en œuvre. Elles se traduisent plus concrètement, par exemple, dans la confrontation entre plusieurs optiques de l'intégration/ségrégation sociale et dans la double volonté des acteurs de limiter l'étalement urbain et d'attirer les couches moyennes, dont on sait la préférence pour le périurbain. Au sein d'un même territoire, les stratégies des acteurs peuvent donner lieu à des opérations d'urbanisme opposées par leurs logiques et leurs contenus sociaux. Elles peuvent simultanément transformer un quartier en un centre quaternaire « aseptisé », qui propose l'entre soi aux cadres et aux catégories sociales aisées, et préserver un autre, en tant que lieu socialement partagé. Dans ce contexte, la participation elle-même paradoxale peut, soit donner la marge de manœuvre nécessaire pour que les représentants des usagers infléchissent le projet vers la demande sociale, soit les exclure. Dans le premier cas de figure, la conviction des individus d'avoir pesé, un tant soit peu, sur la destinée de leur quartier, leur donne le sentiment d'avoir abouti à un compromis satisfaisant. La participation contribue ainsi à déterminer les conditions de réception de l'urbanisme. En tout cas, l'expérience collective de la participation contribue, sinon à la construction d'une identité collective, du moins à réinscrire les individus dans le collectif. Nous rejoignons, à ce propos, Antoine Bevort (2002) lorsqu'il envisage la démocratie participative comme un idéal politique à atteindre et un modèle performant.

Face au contexte de la mondialisation et aux nouvelles divisions du travail imposées par l'extension du marché capitaliste, on assiste à une importante redéfinition des métiers qui interviennent dans la production de l'espace. Elle induit inévitablement une exacerbation des luttes pour le positionnement des différentes professions et disciplines, ainsi que leur affirmation identitaire. Par exemple, les débats sur la sémantique des actions urbaines (renouvellement urbain, rénovation urbaine, paysagement, etc.) sont représentatifs des revendications de la légitimité de l'entrée de divers groupes d'acteurs dans le champ de l'urbanisme et de l'appropriation pratique (à partir des métiers) et symbolique (à partir des disciplines scientifiques) de celui-ci (J.-P. Frey, 1999).

> *« Considérés comme des témoignages de la quête de légitimités dans la reconnaissance institutionnelle des compétences dans les milieux professionnels, les mots deviennent des armes dans des luttes d'influence et de subordination qui finissent toujours par sortir du cadre restreint des discours savants. »* (J.-P. Frey, 1999).

Les rivalités idéologiques, pratiques et institutionnelles des groupes cherchant à faire valoir la légitimité de leur présence dans le champ et les prérogatives d'un métier ou d'activités professionnelles concurrentes ou complémentaires (J.-P. Frey, 1999), s'opèrent au détriment d'une compréhension de l'espace social ou d'une prise en compte des phénomènes d'appropriation des individus. Dans ce cas, les professionnels privilégient les codes de leur discipline et les tracés au détriment des traces (J.-P. Frey, 1999) qui permettraient de rendre intelligibles les processus de recomposition sociale de l'espace.

C'est un autre exercice et une autre démarche que de faire valoir sa légitimité et d'affirmer son identité disciplinaire, en se situant dans une approche qui cherche à faire émerger la demande sociale. C'est une voie d'autant plus difficile qu'elle est confrontée aux sollicitations et aux exigences du marché et qu'elle nécessite un véritable renouvellement des pratiques de conception. Il serait par ailleurs, hasardeux d'essayer de tirer de l'irrationalité de l'être, mise en évidence par exemple dans l'analyse poétique d'Heidegger et de Bachelard, une quelconque règle de raison à l'usage du constructeur d'espace.

> *« [...] des architectes, des urbanistes et des planificateurs, [...] ont projeté arbitrairement cette rationalité sur l'être habitant, sans prendre la peine de vérifier si l'homme existentiel est susceptible de se conformer aux modèles opératoires que leur proposait la raison raisonnante. »* (Moles et Rohmer, 1978).

Le renouveau supposerait *a minima* une mise à distance des approches caractérisées par l'hégémonie des normes et des modèles qui procèdent d'une homogénéisation des groupes et des individus. Le rôle des professionnels maîtres d'œuvre est d'autant plus important que les maîtres d'ouvrage restent généralement convaincus, quant à eux, que la qualité est l'apanage des seuls architectes (H. Raymond[269], 1998).

> *« De ce point de vue, il serait des plus souhaitable que les maîtres d'ouvrage se fassent public, qu'ils reconnaissent que l'image d'une construction passe par des règles de sens et de compréhension infrangible. Qu'ils acceptent l'idée qu'aucun architecte ne peut prédire les usages d'une œuvre pas plus que sa réception par le public. Enfin, le maître d'ouvrage doit se considérer comme porteur d'une commande dont seule la procédure lui est accessible. C'est*

---

[269] « Public, usager, architecture » Actes du colloque *« Des Bâtiments aux publics »* organisé par la Direction Générale de l'Urbanisme, de l'Habitat et de la Construction (DGUHC), ministère de l'Equipement, des transports et du logement, 4e trimestre 1998, pp. 96-98, *in* STEBE (Jean-Marc) avec la collaboration de MATHIEU-FRITZ (Alexandre), 2001, *Architecture, urbanistique et société. Idéologies et représentations dans le monde urbain. Hommage à Henri Raymond*, Paris, L'Harmattan, coll. Villes et Entreprises, 312 pages.

à lui de se faire public, éclairé si c'est possible. Et c'est possible. » (H. Raymond, 1998).

En définitive, pour les professionnels de l'aménagement, il s'agit moins de prédire les usages futurs de leurs réalisations ou leur réception par le public, que de situer leur démarche dans un processus de démocratisation, en même temps que la nourrir des savoirs issus des sciences sociales. Ces deux conditions supposent d'opter pour la co-production de l'espace avec les usagers concernés et les représentants des champs disciplinaires nécessaires. Une perspective d'autant plus plausible que les maîtres d'œuvre ont une certaine autonomie, voire de pouvoir, qui, dans certains cas, se transforme en pouvoir de médiation.

A l'issue de cet ouvrage, il est important de rappeler que le présent travail n'épuise pas la réflexion sur le thème de la réception de l'urbanisme, il propose plutôt une sorte de modèle théorique dans lequel peut-être envisagée cette question essentielle. Ce modèle peut paraître incomplet et maladroit par certains aspects, mais ce qui compte c'est l'essai et sa mise au débat. En guise de mot de la fin, disons que, à travers nos recherches, nous essayons modestement de jouer le rôle de passeur entre les professionnels de l'urbanisme et les sciences sociales. Sans doute, cette motivation est-elle liée en partie à notre double posture de praticien et chercheur ? Nous rejoignons ainsi la démarche de chercheurs comme Michel Marié qui, au cours de sa carrière, a toujours cherché à être passeur entre professionnels de l'urbanisme et sciences sociales, entre aménagement et ménagement (M. Marié, 1989, p. 201). Malgré son inconfort, cette médiation nous paraît être fondamentale pour comprendre l'urbain et y travailler.

Bibliographie

ABRIC (Jean-Claude), 1989, « L'Etude expérimentale des représentations sociales » *in* JODELET (Denise) (dir.), *Les Représentations sociales*, Paris, PUF, 188 p.

ABRIC (Jean-Claude), 1994, *Pratiques sociales et représentations*, Paris, PUF.

ALEXANDER (Christopher), 1976, *Une Expérience d'urbanisme démocratique*, Paris, Seuil, coll. Espacements, 172 p.

ALPHANDERY (Pierre), BERGUES (Martine), 2004, « Territoires en questions. Pratiques des lieux, usages d'un mot. », Introduction au numéro 1, *Ethnologie Française*, Paris.

ALTHABE (Gérard), 1993, « Vers une ethnologie du présent », *in* GOSSELIN (Gabriel), *Les Nouveaux enjeux de l'anthropologie. Autour de Georges Balandier*, Paris, L'Harmattan, coll. Logiques Sociales, 302 p., pp. 89-98.

AMIOT (Michel), 1986, *Contre l'Etat, les sociologues. Eléments pour une histoire de la sociologie urbaine en France (1900-1980)*, Paris, éd. de l'EHESS, 304 p.

AMZERT (Malika), 2001, « La Participation et ses territoires : métamorphoses et métaphores du développement », *Les Territoires de la participation*, *Géocarrefour*, revue de géographie de Lyon, volume 76, n°3, pp. 175-180.

AMZERT (Malika), CHIGNIER-RIBOULON (Franck), 2003, « Coproduction de l'urbain et réification des figures de la concertation ? Le PDU et tramway de l'agglomération lyonnaise (1995-2001) », *Espaces et Société*, n°112, pp. 101-118.

ANSELME (Michel) et PERALDI (Michel), 1985, « Le Petit Séminaire », *Les Annales de la Recherche Urbaine*, n° 26, pp. 57-64.

ANSELME (Michel), 1985, « La Réhabilitation du Petit Séminaire : une opération expérimentale menée avec la participation active des habitants », Marseille, CERFISE, 18 p. et annexes.

ANSELME (Michel), SANSON (Michel), 2000, *Du Bruit à la parole*, Paris, L'Aube, 278 p.

ASCHER (François) (dir.), 1995, *Le Logement en question*, Paris, L'Aube, coll. Monde en cours, 325 p.

ASCHER (François), 2002, *Les Nouveaux principes de l'urbanisme*, La Tour d'Aigues, L'Aube.

ASCHER (François), 2001, *Ces Evénements nous dépassent, feignons d'en être les organisateurs. Essai sur la société contemporaine*, Paris, L'Aube, coll. Monde en cours, 304 p.
AUGE (Marc), 1992, *Non-lieux, introduction à une anthropologie de la surmodernité*, Paris, Seuil.
AUGE (Marc), 1994, *Le Sens des autres*, Paris, Fayard.
AUTHIER (Jean-Yves) (dir.), 2001, *Du Domicile à la ville. Vivre en quartier ancien*, Paris, Anthropos, coll. Villes.
AUTHIER (Jean-Yves), 1993, *La Vie des lieux. Un quartier du Vieux-Lyon au fil du temps*, Presses Universitaires de Lyon, 268 p.
AUTHIER (Jean-Yves), 1995, *L'Embourgeoisement des quartiers anciens centraux réhabilités. L'exemple du quartier Saint-Georges à Lyon*, Plan Construction et architecture, décembre, 190 p.
AUTHIER (Jean-Yves), 2003, « Mobilités résidentielles et effets de composition dans les processus de réhabilitation des quartiers anciens centraux », *in* HAUMONT (Nicole) (dir.), *La Ville : agrégation et ségrégation sociales*, Paris, L'Harmattan, coll. Habitat et société, pp. 143-159.
BACHELARD (George), 1981 (1re éd. 1957), *La Poétique de l'espace*, Paris, Quadrige/PUF.
BACQUE (Marie-Hélène), 2003, *Les Nouvelles figures des quartiers populaires. Politiques et représentations. Une approche comparative France / Etats-Unis*, habilitation à diriger des recherches, soutenue à l'Institut d'Urbanisme de Paris, Université Paris XII, 245 p.
BACQUE (Marie-Hélène), SINTOMER (Yves), 2002, « Peut-on encore parler de quartiers populaires ? », *Espaces et sociétés*, n° 108-109, pp. 29-46.
BAILLY (Antoine), 1986, « Espace et représentation mentales », *in* AURIAC (François) et BRUNET (Roger) (dir.), *Espaces, Jeux et enjeux*, Paris, Fayard, pp. 159-170.
BALANDIER (Georges), 1993, « Où il est question de modernité », *in* GOSSELIN (Gabriel), *Les Nouveaux enjeux de l'anthropologie. Autour de Georges Balandier*, Paris, L'Harmattan, coll. Logiques Sociales, 302 p., pp. 295-302.
BAREL (Yves), 1986, « Le Social et ses territoires », *in* AURIAC (François) et BRUNET (Roger), *Espaces, jeux et enjeux*, Paris, Fayard.
BAREL (Yves), 1990, *Territoires et corporatismes*, Economie et Humanisme, n° 314.
BAUDRILLARD (Jean), 2002 (1re éd. 1986), *La Société de consommation*, Cher, Denoël, coll. Folio/Essais, 318 p.
BAUDRILLARD (Jean), LIPOVETSKY (Gilles), PERROT (Michèle), PETILLON (Pierre-Yves), PETITDEMANGE (Guy), ROMAN (Joël),

THIBAUD (Paul), TOURAINE (Alain), VIDAL-NAQUET (Pierre), 1991, *Citoyenneté et urbanité*, Paris, Esprit, Série Société.
BEAUD (Paul), 1984, *La Société de connivence : médias, médiation et classes sociales*, Paris, Aubier.
BEAUD (Stéphane), WEBER (Florence), 2003 (1re éd. 1997), *Guide de l'enquête de terrain. Produire et analyser des données ethnographiques*, Paris, La Découverte, Coll. Guides « repères ».
BERNARD (Yvonne), 1995, « Ménages et modes de vie », *in* ASCHER (François) (dir.), *Le Logement en question*, Paris, L'Aube, coll. Monde en cours, pp. 13-38.
BESIO (Mariolina), 1996, « La Participation des habitants à la réhabilitation d'un quartier. Le cas de Piazza delle Vigne à Gênes », Actes du séminaire : *Citoyenneté urbaine et intermédiation sociale,* Rabat du 17 au 19 avril 1996, éd. Villes et territoires méditerranéens, pp. 30-33.
BEVORT (Antoine), 2002, *Pour une Démocratie participative*, Paris, Presses de Sciences Politiques.
BIAU (Véronique), 1992, *L'Architecture comme emblème municipal, les grands projets des maires*, Paris, PCA, coll. Cités-projets, 89 p.
BIDOU-ZACHARIASEN (Catherine), 2001, « Classes populaires et classes moyennes en centre historique rénové », *in* HAUMONT (Nicole) (dir.), *La Ville : agrégation et ségrégation sociales*, Paris, L'Harmattan, coll. Habitat et sociétés, pp. 131-142.
BLANC (Maurice), 1999, « Participation des habitants et politique de la ville », *in La Démocratie locale. Représentation, participation et espace public*, actes du colloque organisé par le CRAPS de Lille et le CURAPP de Picardie, Paris, PUF, 415 p.
BLANC (Maurice), LEVY (Albert) (dir.), 2003, *Ville et Démocratie, Espaces et Sociétés*, n°112, Paris, L'Harmattan, 266 p.
BLONDIAUX (Loïc), LEVEQUE (Sandrine), 1999, « La Politique locale à l'épreuve de la démocratie. Les formes paradoxales de la démocratie participative dans le XXe arrondissement de Paris », *in* C. Neveu (dir.), *Espace public et logique de la citoyenneté locale*, Paris, L'Harmattan, pp. 17-82.
BOLTANSKI (Luc), CHIAPELLO (Eve), 1999, *Le Nouvel esprit du capitalisme*, Paris, Gallimard, 843 p.
BONETTI (Michel), 1994, *Habiter : le bricolage imaginaire de l'espace*, Marseille, Hommes & Perspectives, coll. Re-connaissances, 229 p.
BONETTI (Michel), 2006, « Les risques de dérive dans la transformation des grands ensembles. Analyse d'une vingtaine de projets de renouvellement urbain », *Les Annales de la Recherche Urbaine*, n° 97, pp. 35-42.
BONILLA (Mario), TOMAS (François), VALLAT (Daniel), 1989, *Cartes et Plans, Saint-Étienne du XVIIIe siècle à nos jours : 200 ans de*

représentations d'une ville industrielle, Saint-Étienne, Centre d'Etudes Foréziennes et Ecole d'architecture de Saint-Étienne, 180 p.
BORDREUIL (Jean-Samuel), 2000, « La Ville desserrée », *in* PAQUOT (Thierry), LUSSAULT (Michel) et BODY-GENDROT (Sophie) (dir.), *La Ville et l'urbain. L'état des savoirs,*), Paris, La Découverte, pp. 169-183.
BORDREUIL (Jean-Samuel), OSTROWETSKY (Sylvia), 1979, « Pour une Réévaluation de la puissance sociale des dispositifs spatiaux », *Espaces et société*, n° 28-29.
BOUDON (Raymond), 1968, *A quoi sert la notion de structure ?* Paris, Gallimard.
BOUDON (Raymond), BOURRICAUD (François), 2002, *Dictionnaire critique de la sociologie*, Paris, Quadrige, PUF, 714 p.
BOURDIEU (Pierre), SAYAD (Abdelmalek), 1964, *Le Déracinement. La crise de l'agriculture traditionnelle en Algérie*, Paris, Les Editions de Minuit.
BOURDIEU (Pierre), 1972, *Esquisse d'une théorie de la pratique*, Genève, Droz, coll. Travaux de droit, d'économie, de sociologie et de sciences politiques.
BOURDIEU (Pierre), 1978, « Classement, déclassement, reclassement », *Actes de la recherche en sciences sociales*, n° 24, novembre 1978, pp. 2-22.
BOURDIEU (Pierre), 1979, *La Distinction, critique sociale du jugement*, Paris, Les Editions de Minuit, coll. Le sens commun.
BOURDIEU (Pierre), 1980, « L'Identité et la représentation. Eléments pour une réflexion critique sur l'idée de région », *Actes de la recherche en Sciences sociales*, n° 35, pp. 63-72.
BOURDIEU (Pierre), 1980, « Le Capital social, notes provisoires », *Actes de la recherche en sciences sociales*, n° 31, pp. 2-3.
BOURDIEU (Pierre), 1986, « Habitus, code et codification », *Actes de la recherche en sciences sociales*, n° 64, Paris, pp. 40-44.
BOURDIEU (Pierre) et CHRISTIN (Rosine), 1990, « La Construction du marché. Le champ administratif et la production de la politique du logement », *Actes de la recherche en sciences sociales*, n° 81-82, pp. 65-85.
BOURDIEU (Pierre) (dir.), 1993, *La Misère du monde*, Paris, Le Seuil.
BOURDIEU (Pierre), 1994, *Le Sens pratique*, Paris, Les Editions de Minuit, coll. Le sens commun, 474 pages.
BOURDIEU (Pierre), 2002 (1re éd. 1984), *Questions de sociologie*, Paris, Les Editions de Minuit, coll. Repères, 277 p.
BOURDIEU (Pierre), WACQUANT (Loïc), 1998, « Sur les Ruses de la raison impérialiste », *Actes de la Recherche en sciences sociales*, n° 121-122, pp. 109-118.
BOURDIN (Alain), 2000, *La Question locale*, Paris, PUF.

BOURDIN (Alain), 2001, « Comment on fait la ville, aujourd'hui en France », *Espaces et Société*, n° 105-106.
BRAUDEL (Fernand), 1969, *Ecrits sur l'histoire*, Paris, Flammarion.
BRAUDEL (Fernand), 1990, (Arthaud, 1986), *L'Identité de la France. Espace et Histoire*, Paris, Flammarion.
BRUNET (Roger), 1991, *Le Territoire dans les turbulences*, Paris, Reclus.
BRUNET R., FERRAS R., THERY H., 1992, *Les Mots de la géographie*, Paris, Reclus, La Documentation Française.
CALABI (Donatella), 2001, « Marcel Poëte : pionnier de l'urbanisme, militant de l'histoire des villes. Une vie de cité (1924-1931) », *in* LEPETIT (Bernard), TOPALOV (Christian) (dir.), *La Ville des sciences sociales*, Paris, Belin, pp. 79-109.
CASTEL (Robert), 1995, *Les Métamorphoses de la question sociale. Une chronique du salariat*, Paris, Fayard, coll. L'espace du politique, 813 p.
CASTELLS (Manuel), 1972, *La Question urbaine*, Paris, Maspéro, 526 p.
CASTELLS (Manuel), 1972, *Luttes urbaines*, Paris, Maspéro.
CERTEAU (Michel de), GIARD (Luce), MAYOL (Pierre), 2003a (1re éd. 1994), *L'Invention du quotidien*, tome 2 *Habiter, cuisiner*, Paris, Gallimard, coll. Folio/Essais, 415 p.
CERTEAU (Michel de), GIARD (Luce), MAYOL (Pierre), 2003b (1re éd. 1994), *L'Invention du quotidien*, tome 1 *Arts de faire*, Paris, éd. Gallimard, coll. Folio/Essais, 415 p.
CHALAS (Yves), 2001, *La Ville contemporaine*, Paris, Cercle d'art, 230 p.
CHALVON-DEMERSAY (Sabine), 1998 (1re éd. 1984), *Le Triangle du XIVe. Des nouveaux habitants dans un vieux quartier de Paris*, préface de Howard BECKER, Paris, Maison des Sciences de l'Homme.
CHAMBOREDON (Jean-Claude), LEMAIRE (Madeleine), 1970, « Proximité spatiale et distance sociale. Les grands ensembles et leur peuplement », *Revue Française de Sociologie*, XI, pp. 3-33.
CHAMPY (Florent), 2000, « Les Architectes, les urbanistes et les paysagistes », *in* PAQUOT (Thierry), LUSSAULT (Michel) et BODY-GENDROT (Sophie) (dir.), *La ville et l'urbain. L'état des savoirs*, Paris, La Découverte, coll. Textes à l'appui, pp. 215-224.
CHERMAYEFF (Serge) et ALEXANDER (Christopher), 1972, *Intimité et vie communautaire. Vers un nouvel humanisme architectural*, Paris, Dunod, coll. Aspects de l'urbanisme.
CHIGNIER-RIBOULON (Franck), SEMMOUD (Nora), 2004, « Politique urbaine et marginalité des villes auvergnates », *in* KRZEMIEN (Kazimierz) (dir.), *Les Transformations du milieu montagnard Carpates-Massif central et autres montagnes d'Europe*,

Cracovie, Institute of Geography and spatial Management of the Jagiellonian University, tome 113, pp. 153-170.
CHOAY (Françoise), 1965, *Urbanisme, mythes et réalités. Une anthologie*, Paris, Seuil.
CHOAY (Françoise), 1980, *La Règle et le modèle*, Paris, Seuil.
CHOAY (Françoise), 1999 (1re éd. 1992), *L'Allégorie du patrimoine*, Paris, Seuil, 270 p.
CHOMBART DE LAUWE (Paul-Henry) et al., 1952, *Paris et l'agglomération parisienne*, Paris, Centre d'études des groupes sociaux.
CHOMBART DE LAUWE (Paul-Henry), 1954, *La Vie quotidienne des familles ouvrières*, Paris, PUF.
CHOMBART DE LAUWE (Paul-Henry), 1965, *Paris. Essais de sociologie (1952-1964)*, Paris, Editions Ouvrières.
CHOMBART DE LAUWE (Paul-Henry), 1970 (1re éd. 1967), *Des Hommes et des villes*, Paris, Petite bibliothèque Payot, 267 p.
CLAVAL (Paul), 1995, *La Géographie culturelle*, Paris, Nathan.
CLAVAL (Paul), SINGARAVELOU, 1993, *Ethnogéographies*, Paris, l'Harmattan.
CLUZET (Alain), 2002, *Au Bonheur des villes*, Paris, L'Aube, coll. Monde en cours, 183 p.
COING (Henri), (1976), *Rénovation urbaine et changement social*, Paris, Editions ouvrières.
COING (Henri), 1967, *Urbanisation et changement social*, Paris, *Editions ouvrières*, coll. L'Evolution de la vie sociale.
COLLECTIF, 1988, *Roubaix Alma-Gare. Lutte urbaine et architecture*, Paris, PUF, L'Atelier l'art Urbain.
CONAN (Michel), SALIGNON (Bernard), 1987, *Composer les différences, les logements du boulevard Lobau à Nancy*, Paris, Plan Construction.
COUET (Jean-François) et DAVIE (Anne), 2002, (3e éd.), *Dictionnaire de l'essentiel en sociologie*, Paris, Editions Liris.
CRETIN (Claude), 1998, *Le Cours Fauriel. Un miroir pour la ville (1850-1998)*, Publication de l'Université de Saint-Étienne, Centre d'Etudes Foréziennes.
CROIZE (Jean-Claude), FREY (Jean-Pierre) et PINON (Pierre), 1991, *Recherches sur la typologie et les types architecturaux*, actes de la table ronde internationale au centre de recherche sur l'habitat, Paris, L'Harmattan.
CURAPP, CRAPS, 1999, *La Démocratie locale. Représentation, participation et espace public*, Paris, PUF.
DEBARBIEUX (Bernard), 1995a, « Le Lieu, fragment et symbole du territoire », *Espaces et sociétés*, n° 82-83, pp. 13-35.

DEBARBIEUX (Bernard), 1995b, « Le Lieu, le territoire et trois figures de rhétorique », *L'Espace géographique*, n° 2, pp. 97-112.
DEBARBIEUX (Bernard), VANIER (Martin (dir.), 2001, *Ces Territorialités qui se dessinent*, Paris, L'Aube/DATAR.
DEBOULET (Agnès), 1994, *Vers un urbanisme d'émanation populaire. Compétences et réalisations des citadins, l'exemple du Caire*, thèse de doctorat, soutenue en janvier 1994, Université de Paris XII.
DEVILLERS (Christian), 1974, « Typologie de l'habitat et morphologie urbaine », *Architecture d'aujourd'hui*, n° 174, juillet-août.
DI MEO (Guy), 1996, *Les Territoires du quotidien*, Paris, L'Harmattan, 207 p.
DI MEO (Guy), 2001 (1re éd. 1998), *Géographie sociale et territoires*, Paris, Nathan Université, 320 p.
DION (Stéphane), 1984, « Les Politiques municipales de concertation : néo-corporatisme et démocratie », *Sociologie du travail*, vol. 26, n° 2, pp. 121-140.
DION (Stéphane), 1986, *La Politisation des mairies*, Paris, Economica.
DONZELOT (Jacques) et JAILLET (Marie-Christine) (dir.), 2001, *La Nouvelle question urbaine*, Paris, PUCA, coll. Recherches, 298 p.
DONZELOT (Jacques), 1999, « La Nouvelle politique urbaine », *Quand la ville se défait*, *Esprit* n°11, nov. 1999, p. 87.
DONZELOT (Jacques), ESTEBE (Philippe), 1994, *L'Etat animateur. Essai sur la politique de la ville*, Paris, Esprit, 238 p.
DONZELOT (Jacques), MEVEL (Catherine), WYVEKENS (Anne), 2003, *Faire société. La politique de la ville aux Etats-Unis et en France*, Paris, Seuil, coll. La couleur des idées, 362 p.
DORIER-APPRILL (Elisabeth) (dir.), 2001, *Vocabulaire de la ville. Notions et références*, Paris, Temps, 191 p.
DOSDA (Pierre), FISCHER (Gustave Nicolas), VINCENT (Bruno), 1999, *Une Autre lecture de l'espace public : les apports de la psychologie de l'espace.* Interventions réalisées dans l'atelier *Perception de l'espace*, Lyon, CERTU, 49 p.
DOWN (R.S.), STEA (D.), 1977, *Maps in minds, reflections on cognitive mapping New York*, New York, Harper and Row Publishers.
DUBANCHET (François), 1994, *Saint-Étienne par cœur. Entretien avec Yves Espaignet*, Saint-Étienne, Edi Loire, coll. Homme public, 249 p.
DUBOIS (Jérôme), 1996, « Le Partenariat ou la difficile construction des règles du jeu entre partenaire aux statuts multiples. », *Négociations*, *Pôle Sud*, n° 4, pp. 45-64.
DUBY (Georges), 1985, *Histoire de la France urbaine*, Tome V, Paris, Seuil.

DUPUY (Gabriel), 1978, *Urbanisme et technique. Chronique d'un mariage de raison*, préface de Pierre Merlin, Centre de Recherche d'Urbanisme, 420 p.
DURKHEIM (Emile), 1912, *Les Formes élémentaires de la vie religieuse*, Paris, PUF.
ELIAS (Norbert), SCOTSON (John L.), 1997, *Logiques de l'exclusion*, Paris, Fayard.
ENGRAND (Lionel), LORTIE (André), 1998, « Le Quartier et ses limites », compte rendu de la journée d'étude, juillet 1998, APUR, *Paris Projet*, n°32-33, pp. 42-50.
ESPRIT, 1991, *Citoyenneté et urbanité. Entretiens sur la ville*, I, Paris.
FISCHER (Gustave-Nicolas), 1981, *La Psychosociologie de l'espace*, Paris, PUF, coll. Que sais-je ?
FOURCAUT (Annie), 1988, *Un Siècle de banlieue parisienne, (1859-1964)*, Paris, L'Harmattan.
FOURCAUT (Annie), 2000, « Pour en finir avec la banlieue », *Géocarrefour*, vol. 75, n° 2, pp. 101-105, Lyon.
FOURNIAL (Etienne) et al., 1976, *Saint-Étienne. Histoire de la ville et de ses habitants*, Roanne, Horvath, coll. L'Hexagone, 427 p.
FRANCASTEL (Pierre), 1956, *Art et technique*, Paris, Gonthier, coll. « Médiations », n° 16.
FREY (Jean-Pierre), RAYMOND (Henri), TROUARD RIOLLE (Hedwige), 1978, *Usagers, recherche, utilisateurs*, LASSAU, DGRST, Ministère des transports, août 1978, 189 p.
FREY (Jean-Pierre), 1983, « Architecture et géométrisme morbide », *Culture au quotidien. Folie et environnement*, avril, pp. 59-61.
FREY (Jean-Pierre), 1986, « Types d'habitat et espace urbanistique », coll. Habitat urbain, IUP-ACCT.
FREY (Jean-Pierre), 1986, *La Ville industrielle et ses urbanités. La distinction ouvriers/employés. Le Creusot 1870-1930*, Liège, Pierre Margada, coll. Architecture et recherche, 386 p.
FREY (Jean-Pierre), 1995, *Le Rôle social du patronat : du paternalisme à l'urbanisme*, Paris, L'Harmattan, coll. Habitat et sociétés.
FREY (Jean-Pierre), 1999, « Gaston Bardet. L'espace social d'une pensée urbanistique », *Les Etudes sociales*, n° 130, *Voyages d'expertise*, 2e semestre, pp. 57-82.
FREY (Jean-Pierre), 1999, « Quand architectes et architectes-urbanistes parlent de la ville : deux définitions différentes de l'urbanisme ? », *in* BOUDON (Philippe), *Langages singuliers et partagés de l'urbain*, Paris, L'Harmattan, pp. 45-73.
FREY (Jean-Pierre), 2000, « La Ville des architectes et des urbanistes », *in* PAQUOT (Thierry), LUSSAULT (Michel) et BODY-GENDROT

(Sophie) (dir.), *La Ville et l'urbain. L'état des savoirs*, Paris, La Découverte, coll. Textes à l'appui, pp. 106-114.
FREY (Jean-Pierre), 2000, « Urbanisation et habitat », *in* PAQUOT (Thierry), LUSSAULT (Michel) et BODY-GENDROT (Sophie) (dir.), *La Ville et l'urbain. L'état des savoirs*, Paris, La Découverte, coll. Textes à l'appui, pp. 183-193
FREY (Jean-Pierre), 2001, « Paul-Henry Chombart de Lauwe : la sociologie urbaine française entre morphologies et structures », *in Paul-Henry Chombart de Lauwe et l'histoire des études urbaines en France*, Paris, *Espaces et société*, n° 103, L'Harmattan, pp. 27-55.
FREY (Jean-Pierre), 2003, « Prolégomènes à une histoire des concepts de morphologie urbaine et de morphologie sociale », *in* MORISSET (Lucie K.), NOPPEN (Luc), *Les Identités urbaines, échos de Montréal*, Québec, Ed. Nota Bene, 318 p., pp. 19-35.
FREY (Jean-Pierre), 2003, « Conception de l'habitat et expression culturelle », *in* BOUMAZA (Nadir) (dir.), *Relations interethniques dans l'habitat et dans la ville agir contre la discrimination, promouvoir les cultures résidentielles*, postface de REMY (Jean), Paris, Réseau Socio-économie de l'habitat, L'Harmattan, 466 p., pp. 329-346.
GABEL (Joseph), 1970, *La Sociologie de l'aliénation*, Paris, PUF, Bibliothèque de sociologie contemporaine, p. 216.
GARNIER (Jean-Pierre), 2003, « Proximité spatiale et distance politique », *in Ville et démocratie*, *Espaces et sociétés*, n° 112, Paris, L'Harmattan, pp. 119-132.
GAUDIN (Jean-Pierre), 1993, *Les Nouvelles politiques urbaines*, Paris, PUF, coll. Que Sais-je ?
GAUDIN (Jean-Pierre), 1998, « La Gouvernance moderne, hier et aujourd'hui : quelques éclairages à partir des politiques publiques françaises », *Revue internationale des sciences sociales, La Gouvernance*, n° 155, mars 1998.
GAY (Georges), 1997, « L'Industrie de la tresse à Ambert : le développement industriel comme affirmation d'une identité patronale », *in Gestion des espaces fragiles en moyennes montagne. Massif Central – Carpates polonaises*, 5e colloque franco-polonais, CERAMAC, Clermont-Ferrand, pp. 49-64.
GENESTIER (Philippe), 1999, « Le Sortilège du quartier : quand le lieu est censé faire lien », *Les Annales de la Recherche Urbaine*, n° 82, pp. 142-153.
GIOVANNONI (Gustavo), 1998, *L'Urbanisme face aux villes anciennes*, Paris, Seuil, coll. Points (1re éd. 1931, *Vecchie città ed edilizia nuova*), 349 p.

GODARD (Francis), 1973, *La Rénovation urbaine à Paris. Structure urbaine et logique de classe*, La Haye, Mouton, coll. La recherche urbaine, n° 2, 148 p.
GODBOUT (Jacques), 1976, *La Participation contre la démocratie*, Montréal, éd. Saint-Martin.
GOFFMAN (Erwing), 1992 (1re éd. 1973), *Les Relations en public,* tome 2, *La Mise en scène de la vie quotidienne*, Paris, Les éditions de Minuit, 372 p.
GOFFMAN (Erwing), 2003 (1re éd. 1974), *Les Rites d'interaction*, Paris, Les éditions de Minuit, coll. *Le sens commun*, 230 p.
GOSSELIN (Gabriel), *Les Nouveaux enjeux de l'anthropologie. Autour de Georges Balandier*, Paris, L'Harmattan, coll. Logiques Sociales, 302 p.
GRAFMEYER (Yves), 1991, *Habiter Lyon*, éd. du CNRS, Presses Universitaires de Lyon, 219 p.
GRAFMEYER (Yves), 1999, « La Coexistence en milieu urbain : échanges, conflits, transactions », *Recherches sociologiques*, vol. XXX (1), pp. 157-176.
GRAFMEYER (Yves), 2000 (1re éd. 1995), *Sociologie urbaine*, Paris, Nathan Université, 128 p.
GRAFMEYER (Yves), JOSEPH (Issac), 1990 (1re éd. 1979), *L'Ecole de Chicago. Naissance de l'écologie urbaine*, Paris, Aubier-Montaigne.
GUMUCHIAN (Hervé), 1991, *Représentations et aménagement du territoire*, Paris, Anthropos.
HABERMAS (Jürgen), 1962, *L'Espace public. Archéologie de la publicité comme dimension constitutive de la société bourgeoise*, traduction française M.B. de Launay, coll. *Critique de la politique*, Paris, Payot.
HALBWACHS (Maurice), 1908, *La Politique foncière des municipalités*, Paris, Librairie du Parti socialiste, 31 p.
HALBWACHS (Maurice), 1909, *Les Expropriations et les prix des terrains à Paris, 1860-1900*, Paris, E. Cornély.
HALBWACHS (Maurice), 1950, *La Mémoire collective*, Paris, PUF.
HALBWACHS (Maurice), 1970, (1re éd. 1938), *Morphologie sociale*, Paris, Armand Colin, Coll. U2, n° 116, 190 p.
HALBWACHS (Maurice), 1972, *Classes sociales et morphologie*, Paris, Editions de Minuit, Coll. Le sens commun.
HALL (Edwart T.), 1971, *La Dimension cachée*, Paris, Seuil.
HANNOYER (François), 2001, « La Loi sur la démocratie de proximité. Les tenants d'un débat citoyen », *Territoire* n° 421, octobre 2001, revue éditée par l'ADELS (Association pour la Démocratie et l'Education Locale et Sociale).

HAUMONT (Nicole) (dir.), 2001, *La Ville : agrégation et ségrégation sociales*, préface de RAYMOND (Henri), Paris, L'Harmattan, coll. Habitat et sociétés, 219 p.
HAUMONT (Nicole), 1976, « Les Pratiques d'appropriation du logement », actes de la conférence de Strasbourg, *Appropriation de l'espace*, éd. scientifique P. Korosec-Serfaty.
HAUMONT (Nicole), 2001 (1re éd. 1966), *Les Pavillonnaires*, Paris, L'Harmattan, coll. Habitat et sociétés, 150 p.
HAUMONT (Nicole), LEVY (Jean-Jacques), 1998, *L'Urbain dans tous ses états. Faire, dire et vivre la ville*, Paris, L'Harmattan.
HEIDEGGER (Martin), 1927, *Etre et Temps*, Paris, Gallimard.
HERSCOVICI (Alain), 1994, *Economie de la culture et de la communication*, Paris, L'Harmattan.
HUET (Bernard), 1982, *Anachroniques d'architecture*, Bruxelles, Archives d'architecture Moderne, 179 p.
JAILLET (Marie-Christine), 1999, « A Propos de la mixité », *Les Cahiers du millénaire*, Mission prospective et stratégie d'agglomération du Grand Lyon, pp. 55-61.
JAILLET (Marie-Christine), 1999, « Peut-on parler de sécession urbaine à propos des villes européennes ? », *Quand la ville se défait*, *Esprit*, n° 258, pp. 62-85.
JAILLET (Marie-Christine), 2002, « Ces Quartiers dont on parle », *Les « 5 à 7 »*, n° 3, publication *Profession banlieue*, Centre de ressources pour la politique de la ville en Seine-Saint-Denis, intervention retranscrite par MADELIN (Bénédicte).
JAUSS (Hans Robert), 2002, (1re éd. 1978), *Pour une esthétique de la réception*, traduit de l'Allemand par MAILLARD (Claude), préface de STAROBINSKI (Jean), Paris, Gallimard, coll. Tel, 333 p.
JODELET (Denise) (dir.), 2003, *Les Représentations sociales*, Paris, Presses Universitaires de France, coll. Sociologie d'Aujourd'hui, 447 p.
JODELET (Denise), 1993, « Les Représentations sociales », *Sciences Humaines*, Paris, n° 27, avril, p. 22.
JOSEPH (Issac), 1992, « L'Espace public comme lieu d'action », *Les Annales de la Recherche Urbaine*, *Espaces publics*, n° 57-58, METT.
KALAORA (Bernard), SAVOYE (Antoine), 1989, *Les Inventeurs oubliés. Le Play et ses continuateurs aux origines des sciences sociales*, Champ Vallon, Seyssel, coll. Milieux, préface de MARIE (Michel), 293 p.
LAFAYE (Claudette), 2000, « Gouvernance et démocratie : quelles configurations ? », *in* ANDREW (Caroline), CARDINAL, (Linda) (dir.), *Gouvernance et démocratie*, Presses de l'Université d'Ottawa.

LASSAVE (Pierre), 1997, *Les Sociologues et la recherche urbaine, dans la France contemporaine*, Toulouse, Presse Universitaires du Mirail, 398 p.

LE GALES (Patrick), 1995, « Du Gouvernement des villes à la gouvernance urbaine », *Revue française de science politique*, vol. 45, n° 1, pp. 57-95.

LE PLAY (Frédéric), 1877-1879, *Les Ouvriers européens*, Tours, Mame, 6 volumes.

LEDRUT (Raymond), 1973, *Les Images de la ville*, Paris, Anthropos, 370 p.

LEDRUT (Raymond), 1976, *L'Espace en question*, Paris, Anthropos.

LEDRUT (Raymond), 1984, *La Forme et le sens dans la société*, Paris, Librairie des Méridiens.

LEFEBVRE (Henri), 1970, *La Révolution urbaine*, Paris, Gallimard, coll. Idées, 248 p.

LEFEBVRE (Henri), 1972, *Le Droit à la ville*, tome 1, Paris, Anthropos, coll. Société et Urbanisme, 1968, *Espace et politique*, tome 2.

LEFEBVRE (Henri), 1980, *La Présence et l'absence*, Paris, Casterman, 203 p.

LEFEBVRE (Henri), 2000 (1re éd. 1974), *La Production de l'espace*, Paris, Anthropos, coll. « Ethnosociologie », 485 p.

LEVY (Albert), 2003, « La Démocratie locale en France : enjeux et obstacles », *Espaces et sociétés,* n° 112, *Ville et démocratie*, Paris, L'Harmattan, pp. 155-177.

LEVY (Jacques), 1994, *L'Espace Légitime*, Paris, PFNSP.

LEVY-STRAUSS (Claude), 1974 (1 ère éd. 1958), *Anthropologie structurale*, Paris, Plon, coll. Agora, 480 p.

LOJKINE (Jean), 1977, *Le Marxisme, l'Etat et la question urbaine*, Paris, PUF.

LOJKINE (Jean), 1986, *La Classe ouvrière en mutations*, Paris, Messidor, Editions Sociales, coll. Société.

LORRAIN (Dominique), 1995, « La Grande entreprise urbaine et l'action publique. », *Sociologie du travail*, n° 2, pp. 199-220.

LUSSAULT (Michel), 1998, « Images (de la ville) et politique territoriale », Revue de géographie de Lyon, *Géocarrefour*, vol. 73, janvier 1998, pp. 45-53.

LYNCH (Kevin), 1971, *L'Image de la cité*, Paris, Dunod, coll. Aspects de l'urbanisme, 222 p.

MAGRI (Suzanna), 1993, « Villes et quartiers : proximité et distances sociales dans l'espace urbain », *Genèses*, n° 13, pp. 151-166.

MAGRI (Suzanna), TOPALOV (Christian) (dir.), 1989, *Villes ouvrières : 1900-1950*, Paris, L'Harmattan.

MANDON (Daniel), 1976, *Les Barbelés de la culture. Saint-Étienne ville ouvrière*, Lyon Fédérop, 380 p.
MARIE (Michel) (dir.), 1990, « *Regards sur le lotissement* », séminaire de la série *Techniques, territoires et sociétés*, Paris, éd. du STU (service technique de l'urbanisme).
MARIE (Michel), 1989, *Les Terres et les mots*, Paris, éd. Méridiens Klincksieck, 201 p.
MARIE (Michel), 1995, « La Guerre, la colonie, la ville et les sciences sociales », *Sociologie du travail*, n° 2.
MARX (Karl), 1977, *Contribution à la critique de l'économie politique*, Paris, Editions sociales.
MINKOWSKI (Eugène), 1968, *Le Temps vécu*, Paris, éd. Niestlé Delachaux.
MOCH (Annie), BORDAS (Florence), HERMAND (Danièle), 1996, « La Densité perçue en habitat collectif », *Villes*, Courrier du CNRS, n° 82, pp. 131-132.
MOCH (Annie), MOSER (Gabriel) (dir.), 1997, « Psychologie environnementale : perspectives actuelles », *Psychologie française*, n° 2.
MOLES (Abraham) et ROHMER (Elisabeth), 1978, *Psychologie de l'espace*, Paris, éd. Casterman.
MOLLET (Albert) (dir.), 1986, *Droit de cité ; à la rencontre des habitants des banlieues délaissées*, Paris, L'Harmattan, 156 p.
MONTAL (Pierre), NOISETTE (Patrice), 1988, « Espace public », *in* MERLIN (Pierre), CHOAY (Françoise) (dir.), *Dictionnaire de l'urbanisme et de l'aménagement*, Paris, PUF, pp. 273-275.
MOSCOVICI (Serge), 1961, *La Psychanalyse, son image et son public*, Paris, PUF.
MOSCOVICI, (Serge), 2000, *Social Representations : Explorations in Social Psychology*, (edited and introduced by Gerard Duveen), Cambridge, Polity Press.
MOSER (Gabriel), WEISS (K.), 2003, *Espaces de vie : aspects de la relation homme-environnement*, Paris, A. Colin, Coll. Regards, 402 p.
MUCHEMBLED (Robert), 1998, *La Société policée. Politique et politesse en France du XVe au XXe siècles*, Paris, Seuil, coll. L'univers historique, 350 p.
NAVEZ-BOUCHANINE (Françoise), 1990, *Modèles d'habiter, appropriation de l'espace et transformations sociales*, Paris-La Défense, CILOG.
NAVEZ-BOUCHANINE (Françoise), 1991, *Habitat, modèles socioculturels et appropriation de l'espace*, thèse de doctorat d'Etat en sociologie, Université Mohamed V, Rabat, 383 pages.

NAVEZ-BOUCHANINE (Françoise), 2002, *La Fragmentation en question. Des villes entre fragmentation spatiale et fragmentation sociale*, Paris, L'Harmattan, coll. Villes et entreprises, 411 p.

NOSCHIS (Kaj), 1984, *Significations affectives du quartier*, Paris, Méridiens.

PALMADE (Jacqueline), PERIANEZ (Manuel), 1989, *Des HLM à la conquête de l'espace, l'appropriation de l'espace par les habitants*, Paris, CSTB.

PAQUOT (Thierry), LUSSAULT (Michel) et BODY-GENDROT (Sophie) (dir.), 2000, *La Ville et l'urbain. L'état des savoirs*, Paris, éd. La Découverte, coll. Textes à l'appui/Etat des savoirs, 440 p.

PELLEGRINO (Pierre), 2000, *Le Sens de l'espace. La dynamique de l'espace*, Paris, livre II, éd. Anthropos, coll. La bibliothèque des formes, 262 p.

PELLISSIER (Edouart), 1997, *Portrait de famille. Saint-Étienne 1650-1962*, préface MARIN (Anne-catherine), Saint-Étienne, Conservateur des Archives Municipales de Saint-Étienne, éd. actes Graphiques, 142 p.

PETONNET (Colette), 1986, *On est tous dans le brouillard*, Paris, Galilée.

PETONNET (Colette), 1982, *Espaces habités. Ethnologie des banlieues*, Paris, Galilée.

PINÇON (Michel), PINÇON-CHARLOT (Monique), 1989, *Les Beaux quartiers*, Paris, Seuil.

PINÇON (Michel), PINÇON-CHARLOT (Monique), 2000, « La Ville des sociologues », *in* PAQUOT (Thierry), LUSSAULT (Michel et BODY-GENDROT (Sophie) (dir.), *La Ville et l'urbain. L'état des savoirs*, Paris, éd. La Découverte, colle. Textes à l'appui/ série l'état des savoirs, pp. 53-70.

PINÇON (Michel), PINÇON-CHARLOT (Monique), 2002, *Paris Mosaïque. Promenades urbaines*, Paris, éd. Calmann-Lévy, 345 p.

PINSON (Daniel), 1992, *Des Banlieues et des villes*, Paris, Les éditions ouvrières.

PINSON (Daniel), 1992, *Modèles d'habitat et contretypes domestiques au Maroc*, Fascicule de recherches n° 23, Tours, URBAMA.

PINSON (Daniel), 1993, *Usage et architecture*, Paris, L'Harmattan, coll. Villes et Entreprises, 190 p.

PINSON (Daniel), 1996, *Architecture et modernité*, Paris, Flammarion, coll. Dominos, 127 p.

PORNON (Christophe), 1996, *Colonisation d'une place vide : les Terreaux*, Lyon, éd. Aleas, 180 p.

RAGON (Michel), 1977, *L'Architecte, le prince et la démocratie*, Paris, éd. Albin Michel.

RAPOSO (Isabel), 1999, *Urbaniser villages et maisons. Projets politiques et réalités sociales. Manica (Mozambique) et Alte (Portugal)*, thèse de doctorat soutenue à l'Université Paris 12, sous la direction de FREY (Jean-Pierre).

RAULIN (Anne), 1999, *Quand Besançon se donne à lire*, Paris, L'Harmattan.

RAULIN (Anne), 2003, *Anthropologie urbaine*, Paris, éd. Armand Colin, coll. Cursus, 188 p.

RAYMOND (Henri), 1976, « Quelques aspects pratiques de l'appropriation de l'espace », actes de la conférence de Strasbourg, *Appropriation de l'espace*, éd. scientifique P. Korosec et Serfaty.

RAYMOND (Henri), 1977, « Commuter et transmuter : la sémiologie de l'architecture », *Communication* n° 27, *Sémiotique de l'espace*, Paris, Seuil, pp. 103-111.

RAYMOND (Henri), 1977, *Urbanistique et société baroques*, Paris, IERAU, 125 p.

RAYMOND (Henri), 1984, *L'Architecture, les aventures spatiales de la raison,* Paris, C.C.I./Centre George Pompidou.

RAYMOND (Henri), 1988, « Urbain, convivialité, culture », *Les Annales de la Recherche urbaine*, n° 37, pp. 3-8.

RAYMOND (Henri), 1999, *L'uomo qualunque*, propos recueillis par PAQUOT (Thierry) et ZIMMERMANN (Annie), le 31 mai 1999, *Urbanisme*, n° 307, juillet-août, pp. 64-68.

RAYMOND (Henri), HAUMONT (Antoine), HAUMONT (Nicole), 1966, *La Politique du pavillonnaire*, Paris, éd. ISU, CRU.

REMY (Jean), 1998, « Le Projet urbain : sens et significations », *in* TOUSSAINT (Jean-Yves) ZIMMERMANN (Monique) (dir.), *Projet Urbain. Ménager les gens, aménager la ville*, Sprimont Belgique, Pierre Mardaga, pp. 5-9.

REMY (Jean), 1998, « Les Sociabilités urbaines : effets de milieu et trajectoires sociales », *in Trajectoires familiales et espaces de vie en milieu urbain*, GRAFMEYER (Yves), DANSEREAU (Francine) (dir.), Presses Universitaires de Lyon.

REMY (Jean), VOYE (Liliane), 1986, *Ville, ordre et violence*, Paris, PUF.

REMY (Jean), VOYE (Liliane), 1992, *La Ville : vers une nouvelle définition*, Paris, L'Harmattan, Coll. Villes et entreprises.

REY (Jean), SCHERRER (Franck), 1997, « Des Espaces publics à l'espace sensible : l'espace public aux croisements des politiques et des conceptions de l'urbanisme », Revue de Géographie de Lyon, *Géocarrefour*, Volume 72, n° 2.

RONCAYOLO (Marcel), 2002, *Lecture de villes. Formes et temps*, Paris, éd. Parenthèses, coll. Eupalinos, préface de Louis Bergeron, 386 p.

RONCAYOLO (Marcel) (dir.), 2001 (1re éd. 1985), *La Ville d'aujourd'hui*, Paris, Seuil, 898 p.
RONCAYOLO (Marcel), 1999, *La Ville et ses territoires*, Paris, Gallimard, coll. Folio, 285 p.
RONCAYOLO (Marcel), PAQUOT (Thierry) (dir.), 1992, *Villes et civilisations urbaines, XVIIIe-XXe siècle*, Paris, Larousse, coll. Textes essentiels.
ROSANVALLON (Pierre), 1995, *La Nouvelle question sociale*, Paris, Seuil, 223 p.
SANGUEDOLCE (Joseph), 1993, *Parti pris pour la vie. L'aventure des hommes*, préface de VIANNET (Louis), Paris, VO Editions, « Horizon syndical », 279 pages.
SANSOT (Pierre), 1999 (1re éd. Klincksieck, 1971), *La Poétique de la ville*, Paris, Armand Colin, 420 p.
SCHERRER (Franck), 2000, « Quelle Civilisation urbaine, à l'échelle planétaire ? », *La Ville et L'urbain, l'état des savoirs,* PAQUOT (Thierry), LUSSAULT (Michel), BODY-GENDROT, (Sophie) (dir.), Paris, éd. La Découverte, pp. 392-405.
SEGAUD (Marion), RATOUIS (Olivier), 1997, « Dunkerque : d'Usinor à Neptune, aspects sociologiques d'un laboratoire urbanistique », *in Qui fait la ville aujourd'hui ? Intervention publique dans les processus de production urbaine*, Paris, Publication du Plan Urbain, 23 p.
SEMMOUD (Nora), 1994, « Pratiques urbaines et stratégies spatiales des groupes sociaux dans l'Est d'Alger », *Architecture & Comportement*, numéro spécial, *Modèles d'habiter au Maghreb*, volume 10, n° 3, pp. 231-344.
SEMMOUD (Nora), 2001, *Les Stratégies d'appropriation de l'espace à Alger*, préface de FREY (Jean-Pierre), Paris, L'Harmattan, coll. Histoire et perspectives méditerranéennes, 270 p.
SEMMOUD (Nora), 2002, « Stratégies urbaines », *in* EDOUARD (Jean-Charles) (dir.), *L'Auvergne Urbaine. Mythes et réalités de la ville auvergnate*, Clermont-Ferrand, Presses Universitaires Blaise Pascal, CERAMAC, pp. 201-230.
SEMMOUD (Nora), 2003, « Les Mutations de la morphologie socio-spatiale algéroise », *Les Annales de Géographie*, n° 633, pp. 495-517.
SEMMOUD (Nora), 2004, « Face-à-face entre habitants et acteurs institutionnels. Centre ancien d'Issoire (Puy de Dôme) », actes de colloque, *L'Avenir des petites villes*, Clermont-Ferrand, Publication de l'Université Blaise Pascal CERAMAC, n° 21, pp. 295-310.
SEMMOUD (Nora), 2004, « La Conquête économique des quartiers d'habitat social », *Cahiers de géographie du Québec*, volume 48, n° 134, septembre 2004, pp. 173-190.

SIMMEL (Georg), 1892, *Die Probleme der Geschichtsphilosophie*, Duncker und Humblot, Munich-Leipzig, *Les Problèmes de la philosophie de l'histoire*, 1984, trad. BOUDON (Raymond), Paris, PUF.
SIMON (Patrick), 1995, « La Société partagée. Relations interethniques et interclasses dans un quartier en rénovation, Belleville, Paris XXe », *Cahiers internationaux de Sociologie*, vol. 98, pp. 163-164.
STEBE (Jean-Marc) avec la collaboration de MATHIEU-FRITZ (Alexandre), 2001, *Architecture, urbanistique et société. Idéologies et représentations dans le monde urbain. Hommage à Henri Raymond*, Paris, L'Harmattan, coll. Villes et Entreprises, 312 pages.
THIEBAULT (Jean-Louis), 1997, « La Négociation dans la politique de la ville », *in* MARCOU G., RANGEON F., THIEBAULT J.-L. (dir.), *La Coopération contractuelle et le gouvernement de villes*, Paris, L'Harmattan, pp. 213-236.
TISSOT (Sylvie), 2002, « De l'Emblème au « problème ». Histoire des grands ensembles dans une ville communiste », *Les Annales de la Recherche Urbai*ne, n° 93, Novembre, pp. 123-129.
TOMAS (François), 1998, « Vers une nouvelle culture de l'aménagement des villes », *in* TOUSSAINT (Jean-Yves), ZIMMERMANN (Monique) (dir.), *Projet Urbain. Ménager les gens, aménager la ville*, Sprimont, Belgique, éd. Pierre Mardaga, pp. 15-35.
TOPALOV (Christian) (dir.), 2002, *Les Divisions de la ville*, Paris, UNESCO, éd. de la Maison des sciences de l'homme, 469 p.
TOURAINE (Alain), 1992, *Critique de la modernité*, Paris, éd. Fayard, 510 p.
TOUSSAINT (Jean-Yves), 2003, *Projets et paysages urbains, fabriquer et utiliser les dispositifs techniques et spatiaux de l'urbain*, HDR, Université de Lyon II, Institut des sciences Appliquées de Lyon.
TOUSSAINT (Jean-Yves), ZIMMERMANN (Monique), 1998, « Un Enseignement de la complexité », *in* TOUSSAINT (Jean-Yves), ZIMMERMANN (Monique) (dir.), *Projet urbain. Ménager les gens, aménager la ville*, Paris, éd. Pierre Margada, coll. Architecture et recherche, pp. 163-175.
TOUSSAINT (Jean-Yves), ZIMMERMANN (Monique), 2001, *User, programmer et fabriquer l'espace public*, Romands, Lausanne, Presse Polytechniques Universitaires.
TROCCON (Jules), 1930, *L'Esprit stéphanois*, Librairies Chevalier de Saint-Étienne et Pierre Masson de Lyon, 174 p.
VANT (André), 1981, *Imagerie et urbanisation. Recherches sur l'exemple stéphanois*, Saint-Étienne, éd. Centre d'Etudes Foréziennes, 661 p.

VERPRAET (Gilles), 1994, *La Socialisation urbaine. Transitions sociales et transactions culturelles dans la cité périphérique*, Paris, L'Harmattan, coll. Villes et entreprises, 255 p.
VOYE (Liliane), 1992, « Transaction et consensus supposé », *in* BLANC (Maurice) (dir.), *Pour une sociologie de la transaction sociale*, Paris, L'Harmattan, coll. Logiques Sociales, 291 p.
WACQUANT (Loïc), 1993, « Désordre dans la ville », *Actes de la Recherche en sciences sociales*, n° 99, septembre, p. 79.
WEBER (Max), 1992, (1re éd. en allemand 1921), *La Ville*, traduit de l'allemand par FRITSCH (Philippe), préface de FREUND (Julien), Paris, éd. Aubier.
WILLMOTT (Peter), 2001, « Ségrégation et « entre-soi » en Grande Bretagne », *in* HAUMONT (Nicole) (dir.), *La Ville : agrégation et ségrégation sociales*, Paris, L'Harmattan, coll. Habitat et société, pp. 67-72.
YOUNG (Michael, WILLMOTT (Peter), 1983, (1re éd. en anglais 1957), *Le Village dans la ville*, Paris, éd. du CCI.
ZEVI (Bruno), *Apprendre à voir l'architecture*, Paris, Editions de Minuit, coll. Les cahiers forces vives.

Index des auteurs

Index des notions

Liste des illustrations

TABLE DES MATIERES

L'HARMATTAN, ITALIA
Via Degli Artisti 15 ; 10124 Torino

L'HARMATTAN HONGRIE
Könyvesbolt ; Kossuth L. u. 14-16
1053 Budapest

L'HARMATTAN BURKINA FASO
Rue 15.167 Route du Pô Patte d'oie
12 BP 226
Ouagadougou 12
(00226) 50 37 54 36

ESPACE L'HARMATTAN KINSHASA
Faculté des Sciences Sociales,
Politiques et Administratives
BP243, KIN XI ; Université de Kinshasa

L'HARMATTAN GUINÉE
Almamya Rue KA 028
En face du restaurant le cèdre
OKB agency BP 3470 Conakry
(00224) 60 20 85 08
harmattanguinee@yahoo.fr

L'HARMATTAN CÔTE D'IVOIRE
M. Etien N'dah Ahmon
Résidence Karl / cité des arts
Abidjan-Cocody 03 BP 1588 Abidjan 03
(00225) 05 77 87 31

L'HARMATTAN MAURITANIE
Espace El Kettab du livre francophone
N° 472 avenue Palais des Congrès
BP 316 Nouakchott
(00222) 63 25 980

L'HARMATTAN CAMEROUN
Immeuble Olympia face à la Camair
BP 11486 Yaoundé
(237) 458.67.00/976.61.66
harmattancam@yahoo.fr

600141 - Mars 2015
Achevé d'imprimer par

1livre.com
du rêve à la réalité !

Made in United States
Orlando, FL
04 November 2026

90208564R00144